高等职业教育"十三五"规划教材

（移动互联应用技术专业）

UI 设计与开发

主　编　李昀芸　宋蓓蓓　王悦娟

副主编　朱丽进　张琳钦

中国水利水电出版社

www.waterpub.com.cn

·北京·

内 容 提 要

本书详细介绍了 UI 设计基本概念、UI 设计的色彩、UI 界面设计、手机 App 的设计布局、UI 图标设计、UI 按钮设计、手机 App 的组件、手机主题设计。

本书融入了作者丰富的教学和实践经验，将计算机技术与艺术设计进行深度融合，语言精练、思路清晰、知识点明确，并有详细的操作过程，便于读者上机实践，检验学习效果。

本书为更好地适应高校"先进教学模式探索"的需求，精心组织教材内容，使之符合当前高校"UI 设计"课程的特点，特别强调知识与时代同步，让计算机技术与艺术设计产生最大的交集。

本书可作为高校学生的教材，也可作为 UI 设计师及相关设计人员的技术参考手册。

图书在版编目（CIP）数据

UI设计与开发 / 李昀芸，宋蓓蓓，王悦娟主编. --
北京 : 中国水利水电出版社，2020.2（2022.8 重印）
高等职业教育"十三五"规划教材. 移动互联应用技术专业
ISBN 978-7-5170-8396-2

Ⅰ. ①U… Ⅱ. ①李… ②宋… ③王… Ⅲ. ①移动终端－应用程序－程序设计－高等职业教育－教材 Ⅳ. ①TN929.53

中国版本图书馆CIP数据核字(2020)第027397号

策划编辑：石永峰　责任编辑：石永峰　加工编辑：王玉梅　封面设计：李　佳

书　　名	高等职业教育"十三五"规划教材（移动互联应用技术专业） UI 设计与开发 UI SHEJI YU KAIFA
作　　者	主　编　李昀芸　宋蓓蓓　王悦娟 副主编　朱丽进　张琳钦
出版发行	中国水利水电出版社 （北京市海淀区玉渊潭南路 1 号 D 座　100038） 网址：www.waterpub.com.cn E-mail: mchannel@263.net（万水） 　　　　sales@mwr.gov.cn 电话：（010）68545888（营销中心）、82562819（万水）
经　　售	北京科水图书销售有限公司 电话：（010）68545874、63202643 全国各地新华书店和相关出版物销售网点
排　　版	北京万水电子信息有限公司
印　　刷	天津联城印刷有限公司
规　　格	184mm×260mm　16 开本　10.25 印张　216 千字
版　　次	2020 年 2 月第 1 版　2022 年 8 月第 2 次印刷
印　　数	3001—5000 册
定　　价	42.00 元

前　言

随着计算机网络的迅速发展，简单的软件程序已经无法满足用户的需求。在激烈的竞争中，UI 设计逐渐进入人们的视线，并且在快速地发展和更新。国内外众多 IT 公司都已经成立了专业的 UI 设计部门，但 UI 专业人才稀缺。目前全国高校 UI 设计专业开设得比较少，教学方法也相对比较传统和落后，无法适应 UI 设计这个专业的教学特点，这就要求高校教师在讲授"UI 设计"课程时要不断探索和使用新的教学方法和手段。

本书所述教学方法使用多种信息化教学手段，紧紧围绕教学中心，采用分组实践、讨论方式，以学生为主体完成了知识、理论、实践一体化的教学。在这个过程中，教师进行引领，以任务为导向，将教学内容设置成一个或多个具体的、可操作性强的任务或子任务，学生紧密围绕任务活动，在教师的引导下，通过自主学习与合作探究，实现理论知识的实践转换，提高自主学习能力和创新能力。

这种教学方法从人才培养体系整体出发，教师转变教学方法，做学生学习的引领者、组织者、参与者和欣赏者；学生具有学习的愿望和能力，学会交流与合作，具有团队精神，由原来被动地接受知识变成通过自主、合作、探究方式来体验学习过程，感受获取知识的快乐。这种教学方法培养学生的基本技能和综合分析能力，重视基本技能的综合和扩展，引导学生独立处理复杂问题，提高学生解决实际问题的能力。

教师在教学的过程中，首先，利用教学视频、教学动画、虚拟演示等方式，实现教材中复杂问题简单化、抽象问题形象化，化解教学的难点，突出教学重点，能够让学生充分理解所学的理论知识。其次，根据所教授的理论知识给学生布置相应的实训练习，引导学生带着"任务"进行实践，充分理解所学知识并运用所学知识完成相应的实训任务，激发学生独立学习的兴趣，提高学生独立学习的能力。最后，教师根据完成任务的情况，组织学生讨论、思考、相互评价、提出问题等，然后给予点评。以上这些教学方法需要教师将"专业书籍"转变为"实践创新"，要打破常规，运用一些具有挑战性的问题来强化学生的创新意识和合作意识。此种教学方法真正践行了"工作任务引领、行动导向"的教学理念。

对应于上述思想，我们精心安排课程，将计算机技术和艺术设计融合在一起，将 Photoshop 和 Android Studio 作为设计和开发平台，将最终的设计效果真正地应用到手机 App 中，展现出其真实的效果，让学生体会到设计的乐趣。考虑到使用本书的学生相对来说编程能力较弱，我们"重设计，轻代码"，使用相对简单的 XML 文件编码作为界面实现的主要方式，使得学生能快速地掌握编码的方法，提升学习的兴趣。在内容选取上，强调技术性和实用性，淡化理论，突出实践，强调应用。

本书分为 8 章：第 1 章对 UI 设计进行了总体的概述；第 2 章讲了 UI 色彩的搭配和应用；第 3 章和第 4 章分别从艺术设计和手机编程的角度对 UI 的界面布局进行了介绍；第 5 ～

7章详细地介绍了如何进行 UI 图标和按钮的设计与编码;第 8 章对手机常用的主题、壁纸、界面的 UI 设计进行了详细的介绍。这 8 章理论和实践相结合,每章中都穿插着相应的任务,践行了"在做中学、在做中教、教学做合一"的教学理念,激发了学生学习的热忱和兴趣,使学生主动地使用脑心手进行知识的掌握和知识的转化。

本书由安徽工业经济职业技术学院的李昀芸、宋蓓蓓、王悦娟任主编,李昀芸完成了本书的统稿,并负责 2.1 节和第 5 章的编写,宋蓓蓓负责第 4 章和第 7 章的编写,王悦娟负责第 1 章、第 3 章的编写;由朱丽进和张琳钦任副主编,朱丽进负责第 6 章、第 8 章的编写,张琳钦负责 2.2 节和 2.3 节的编写。在此对在本书编书过程中提供帮助的人表示衷心的感谢。由于时间仓促及编者水平有限,书中难免有疏漏之处,恳请读者批评指正。

编　者

2020 年 1 月

目　录

第 6 章　UI 按钮设计 /97

第 7 章　手机 App 的组件 /115

第 8 章　手机主题设计 /129

参考文献 /157

关于引用作品的版权声明 /158

第1章
UI 设计概述

本章导读

　　随着手机移动设备的不断普及，用户对手机设备的软件需求越来越多。手机移动操作系统厂商都在不约而同地建立手机设备应用程序市场，如 Apple 的 App Store、Google 的 Android Market、Microsoft 的 Windows Phone 7 Marketplace，它们给手机的终端用户带来巨量的应用软件，这些软件良莠不齐，界面各异。手机 UI 设计师该如何满足用户对手机 UI 的要求？如何通过自己设计的软件盈利呢？读者应在理解相关概念的基础上重点掌握 UI 设计的特点、原则以及常用的工具等。

本章要点

- UI 设计的概念
- UI 设计的特点
- UI 设计的原则
- UI 设计的常用工具

1.1 UI 设计的概念

　　UI 包含 UI 交互、界面和图标三个部分，UI 即 User Interface 的简称，是指对软件的人机交互、操作逻辑和界面美观的整体设计。UI 设计是为了满足专业化、标准化需求而对软件界面进行美化、优化和规范化的设计分支，具体包括软件启动界面设计、软件框架设计、按钮设计、面板设计、菜单设计、标签设计、图标设计、滚动条即状态栏设计等，如图 1-1 至图 1-3 所示。

图 1-1　界面设计

图 1-2　图标设计

图 1-3　按钮设计

　　手机 UI 设计是平面 UI 设计的一支分支。与其他类型的 UI 设计相比，手机 UI 的平台主要是在手机的 App 客户端上。App 即手机软件，是安装在手机上使用的软件，可以完善原始系统的不足，并使其具有个性化的特点。从不同系统下载的 App，其文件格式也各不相同。目前主流的两大手机 App 平台分别是 iOS 系统和 Android 系统。iPhone 系列的手机和平板电脑主要运用 iOS 系统的 App，其格式主要有 ipa、pxl、deb。iTunes 商店里的 App Store 是目前比较著名的 App 商店。所有使用 iPhone 手机、Mac 计算机或者 iOS 系统的平板电脑用户只能在 App Store 上面下载 App；使用 Android 系统的用户可以在安卓应用市场下载相应的 App，其格式为 apk，如图 1-4 所示。

图 1-4　App 应用市场

　　随着移动互联网的兴起，越来越多的互联网企业、电商平台将 App 作为销售的主战场之一，通过 App 进行盈利也是各大电商平台的发展方向，目前手机 App 给电商带来的流量远远超过了传统互联网（PC 端）的流量。事实表明，手机移动终端更便捷，流量更大，能为企业积累更多的用户，有一些用户体验不错的 App 在很大程度上提升了用户的忠诚度和活跃度，为企业带来了更大的收益。因此，各大电商平台越来越向移动 App 倾斜，这也是他们发展与升级的关键因素，如图 1-5 所示。

图 1-5　App 桌面常用图标

　　手机 App 对手机的型号和尺寸有严格的限定，比如尺寸、控件和组件类型等都有其特定性，这也是很多 UI 设计师在进行设计时需要考虑的主要因素。在有限的空间内进行合理布局，最大化地利用特定的空间进行创意性的设计，使整个版面看起来井然有序，美观大方，符合产品的属性和观众的视觉流程，这些都是对一个优秀 UI 设计师的基本要求。Apple 手机 UI 设计和 Android 手机 UI 设计如图 1-6、图 1-7 所示。

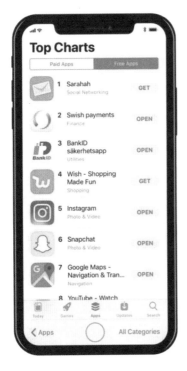

图 1-6　Apple 手机 UI 设计　　　　图 1-7　Android 手机 UI 设计

1.2　UI 设计的特点

手机 UI 设计一直被业界称为产品的"脸面"，好的 UI 设计不仅让软件变得有个性、有品味，还让软件的操作变得舒适、简单、自由，可充分体现软件的定位和特点。通常来说，手机 UI 设计者会按照最常用、最大尺寸的屏幕制作手机 UI 界面，然后分别为不同尺寸的手机屏幕各切出一套图，这样就可以保证大部分的屏幕都可以正常显示。UI 设计的特点如下：

（1）手机界面交互过程不宜设计得太复杂，交互步骤不宜太多，要一目了然，输入便捷，这可以提高操作便利性，进而提高操作效率。

（2）不同型号的手机支持的图像格式、音频格式和动画格式不一样，所以在设计之前要充分收集资料，选择尽可能通用的格式，或者提供对不同型号的手机进行配置的选择。

（3）不同型号的手机屏幕比例不一致，所以设计时还要考虑图片的自适应问题和界面元素图片的布局问题；屏幕可以旋转，可以利用横向更宽的布局以完全不同的方式呈现信息。

（4）根据消费对象的不同，尽可能地进行个性化设计。用户偏好的应用类型各不相同，人们喜欢与他们的个性相符的应用，以适当展现自己与众不同的风格，与此同时还要注重细节的设计，不要低估一个应用组成中的任何一项，只有这样才能使产品在市场上立于不败之地。

1.3 UI 设计的原则

1. 内容一致性原则

（1）设计目标一致：软件中往往存在多个组成部分，不同组成部分之间的交互设计目标需要一致。只有这样整体的设计目标才会一致。例如：对于手机初级用户来说，设计的目标主要是围绕如何更好地简化界面设计，满足初级用户的需要，使他们能够快速地掌握手机的应用，但该目标绝不能脱离软件整体的设计目标，要和整体的设计目标保持一致。

（2）元素外观一致：交互元素的外观往往对用户的交互效果具有非常重要的影响，同类软件的外观风格保持一致性，可以更好地让用户保持焦点，这对于交互效果的提高有很大的帮助。

（3）交互行为一致：在交互模型中，针对不同类型的元素，用户触发其对应的行为事件后，其交互行为需要一致。例如：所有需要用户确认操作的对话框都至少包含"确认"和"放弃"两个按钮。

2. 触控灵活性原则

简单来说就是要让用户方便地使用。界面的交互系统以自然手势为基础进行建构，手势是无形的，要让用户能快速地了解应用支持的手势操作，并且要进行多点触控。无论用户是在吃饭还是在工作或学习，都能随意触摸滑动，以随时随地使用手机的各项功能，即要符合人机工程学并且保持一致性。

3. 输入简便性原则

智能手机的系统平台当中通常都会内置一些针对不同类型内容的键盘，例如文本、数字、Email 等。在应用中，确保根据用户的需要，针对不同的内容类型自由选择相对应的键盘，提升用户输入的效率。尤其是对于一些老年人来说，可以设置一些简单的、好掌握的输入方式，如手写式、语音式等，以减少他们在文字输入时存在的烦恼和不便，如图 1-8 所示。

4. 应用流畅性原则

保持应用交互的手指及手势的操作、用户的注意和界面反馈的流畅性；进行多通道设计，最大化地发挥设备的多通道特性，利用交互过程中多通道之间的协同作用，会让用户更有真实感和沉浸感。

图 1-8　手机 UI 键盘设计

5. 视觉简易性原则

保持界面架构简单明了，导航设计清晰易理解，操作简单可见，通过界面元素和界面提供的线索就能让用户清楚地知道其操作方式，给用户提供有趣的、智能高效的、贴心的设计。

6. 设计人性化原则

高效率和用户满意度是人性化的体现。应具备专家级和初级玩家系统，使用户可依据自己的习惯定制界面，并能保存设置。提供的软件是供用户使用的，软件各元素对应的功能要方便用户理解。如果用户不能理解，那么需要提供一种非破坏性的途径，使得用户可以通过对该元素的操作，理解其对应的功能。软件的交互流程，用户可以控制。功能的执行流程，用户可以控制。如果确实无法提供控制，则要能以目标用户理解的方式提示用户。

1.4　UI 设计常用工具

如果我们想要做好一个 UI 设计，就需要精通一些制作 UI 的常用软件。常用的 UI 设计软件主要有 Photoshop、CorelDRAW、3ds Max、Image Optimizer、IconCool Studio 等，这些软件各有优势和特点，在手机 UI 设计中也发挥着不一样的作用，扮演着不同的角色。下面对这几款软件进行简单的介绍。

1. Photoshop

Adobe Photoshop，简称 PS，是由 Adobe Systems 开发和发行的图像处理软件。Photoshop 主要处理像素所构成的数字图像，可以有效地进行图片编辑工作。如图像输入、图形编辑、文字设计、视频制作等。Photoshop 界面如图 1-9 所示。

Photoshop 的软件界面主要由菜单栏、选项栏、工具箱、图像窗口以及控制面板 5 部分构成，如图 1-10 所示。

图 1-9　Photoshop 界面

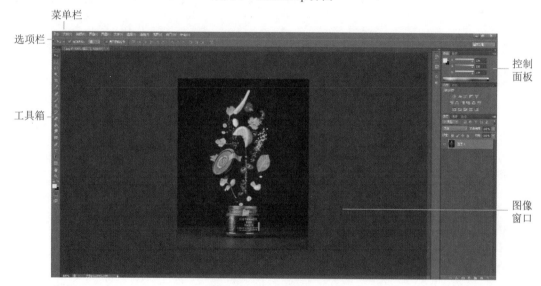

图 1-10　Photoshop 界面

（1）菜单栏。菜单栏分为文件、编辑、图像、图层、文字、选择、滤镜、视图、窗口和帮助 10 项，为用户提供所需功能，用户可通过单击下拉按钮找到所需操作。

（2）选项栏。选项栏在菜单栏之下，主要显示一些工具的属性，供使用者进行设置，当使用者单击不同工具时，选项栏会随之切换到对应属性。

（3）工具箱。工具箱中有对图像进行选择、裁剪、绘画等的工具。我们可以对工具箱的标题栏进行拖动，使其位置发生变动；单击可选中工具，属性栏会显示该工具的属性；有些工具的右下角有一个小三角形符号，这表示在该工具内存在一组相关工具，如图 1-11 所示。

（4）图像窗口。图像窗口是 Photoshop 的主要工作区，用于显示图像文件。图像窗口带有自己的标题栏，提供了所打开文件的基本信息，如文件名、缩放比例、颜色模式等，如图 1-12 所示。

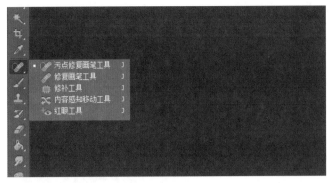

图 1-11　工具箱

图 1-12　图像窗口

（5）控制面板。控制面板共有 14 个面板（可通过"窗口 / 显示"来显示面板），有颜色、色板、调正、样式、图层、路径等，最常用的面板有图层、通道等。控制面板界面如图 1-13 所示。

图 1-13　控制面板界面

2. CorelDRAW

CorelDRAW Graphics Suite 是加拿大 Corel 公司出品的图形图像处理软件。这个图形工具给设计师提供了商标设计、标志制作、模型绘制、插图描画、排版及分色输出等诸多功能。通过对它的学习，我们可以有效地进行 UI 设计。CorelDRAW 界面如图 1-14 所示。

图 1-14　CorelDRAW 界面

CorelDRAW 软件工作界面大致可以分为菜单栏、工具栏、属性菜单、工具箱、工作界面、颜色面板 6 个板块，下面介绍各个板块。

（1）菜单栏：菜单栏位于界面的最上方，包括文件、编辑、视图等共 12 个选项，每个选项都有下拉选项，为使用者提供所需要的操作。图 1-15 所示为"视图"选项的下拉列表。

图 1-15　"视图"选项的下拉列表

（2）工具栏：工具栏在菜单栏下面，给我们提供了很多常用工具，方便大家使用，如图 1-16 所示。

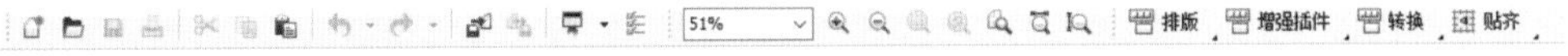

图 1-16　工具栏

（3）属性菜单：属性菜单是当我们选择要使用的工具后，出现的一系列与该工具相关的属性，可供我们设置，如图 1-17 所示。

图 1-17　属性菜单

（4）工具箱：工具箱中包含所有我们在操作中所需要的工具，需要时单击相应的工具图标即可，有些图标右下角有小三角符号，表示该工具中包含一组类似的工具，如图 1-18 所示。

图 1-18　工具箱

（5）工作界面：整个工作都会在工作界面中进行，如图 1-19 所示。

（6）颜色面板：在软件界面最右侧的一列颜色即颜色界面，当我们画好图形后，单击所需颜色即可。

3. 3ds Max

3D Studio Max，常简称为 3d Max 或 3ds Max，是三维动画渲染和制作软件，以其对计算机系统的低配置要求和强大的角色动画制作能力等特点，被广泛用于广告、影视、工业设计、建筑设计、三维动画、多媒体制作、游戏、辅助教学以及工程可视化等领域。

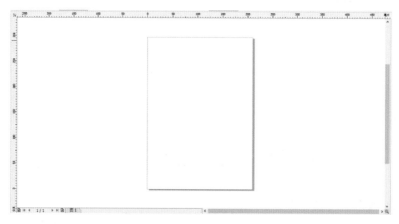

图 1-19　工作界面

3ds Max 工作界面主要分为菜单浏览器、主工具栏、视图界面、信息栏、时间轨迹栏、动画帧栏、播放栏、命令面板等板块。下面向大家介绍这些板块的作用。

（1）菜单浏览器：软件左上角是菜单浏览器，主要用来新建、保存、打开文件，导出、导入文件等，如图 1-20 所示。

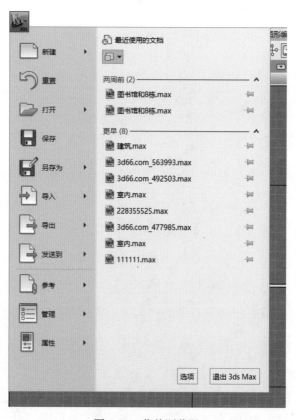

图 1-20　菜单浏览器

（2）主工具栏：该工具栏主要用于对模型进行放大、缩小、渲染等操作，如图 1-21 所示。

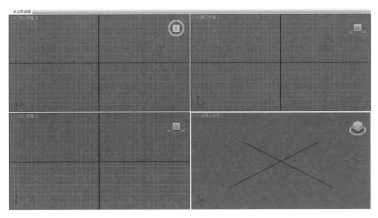

图 1-21　主工具栏

（3）视图界面：该界面包含多种视图，可根据个人需求设置，如图 1-22 所示。

图 1-22　视图界面

（4）信息栏：该栏主要用于展示模型数据，如图 1-23 所示。

图 1-23　信息栏

（5）时间轨迹栏、动画帧栏和播放栏如图 1-24 至图 1-26 所示。

图 1-24　时间轨迹栏

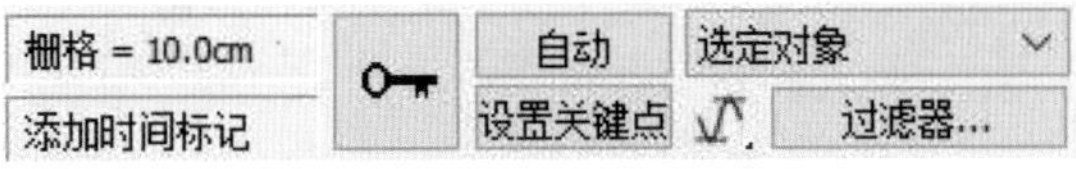

图 1-25　动画帧栏　　　　　　　　　　　　图 1-26　播放栏

（6）命令面板：该面板包括创建面板、修改面板、层级面板、动画面板、显示面板等子面板，如图 1-27 所示。

4．Image Optimizer

Image Optimizer 是一款影像最佳化软件，可以利用其独特的 MagiCompress 压缩技术将 JPG、GIF、PNG、BMP、TIF 等图形影像文件进行最佳化处理。它对图片的压缩可分为三类。

图 1-27 命令面板

（1）JPEG 图片的压缩。使用 Image Optimizer 的 JPEG 压缩功能能将数码照片压缩数倍，其对 Photoshop、ACDsee 输出的文件也有很好的压缩效果。

（2）GIF、PNG 图片的压缩。Image Optimizer 的 PNG 压缩功能对示意图、文字截屏图像的压缩效果远好于 JPG 格式。一般情况下，PNG 具有更高的压缩效率。

5．IconCool Studio

IconCool Studio 是一款图标编辑制作软件，可以制作出 Windows XP 风格的半透明图标，支持 PSD 插件，也可以从 Photoshop 中导入图片，或是将图片导出到 Photoshop，能导入、导出 PSD 文件（支持透明模式），并能完全导入 PNG、GIF、ANI 格式的动画图片。IconCool Studio 支持的导入文件的常用格式有：BMP、DIB、EMF、GIF、ICB、ICO、ICL、JPG、JPEG、PBM、PCD、PCX、PGM。

课后练习

简答题

1．UI 设计的含义及特点是什么？

2．UI 设计的常用工具有哪些？其特点是什么？

3．简述什么是好的 UI 设计，并举例说明。

0.00 提现

农场

查看好友

添加好友

清 好友

小鸡

鸡的肉质细嫩，滋味鲜美，并富有营养，有滋补养身的作用。

¥20/只

2

— 2 +

全部

加入宰杀

第2章
UI 设计的色彩

本章导读

本章主要介绍 UI 配色原则、UI 配色技巧、UI 文字与图形搭配等，可让初学者了解并学习 UI 设计色彩的相关知识。

本章要点

- UI 配色原则
- UI 配色技巧
- UI 文字与图形搭配

色彩设计是 UI 设计中一个重要的环节。作为优秀的 UI 设计师，配色是一项非常重要的审美素养和知识技能。出色的 UI 配色，往往可以更加吸引用户，更能表达产品属性，从而给用户带来良好的交互体验。

2.1 UI 配色原则

UI 配色原则主要包括色彩的平衡原则、色彩的统一原则、色彩的侧重原则和色彩的中和原则。

（1）色彩的平衡原则。该原则是指注重整理 UI 界面颜色的纯度、明度和色相间的配色关系，以保持视觉平衡，使界面色彩相互和谐。

（2）色彩的统一原则。为确保 UI 界面颜色的统一，应先确定界面的主色调。而辅助色、点缀色等配色，应以主色为参照进行搭配，可以使整体色调协调统一。

（3）色彩的侧重原则。一个界面不要单一地选用一种色彩，让人感觉单调、乏味；也尽量不要选用超过 5 种以上的色彩，太多的色彩让人感觉界面较混乱，没有侧重。因此，配色时，最好选取一种颜色作为整个界面的主色，使其占界面主导地位。

（4）色彩的中和原则如下所述。

1）加入白色：加入白色的界面会更明快、更透气、更有意境，营造了视觉上的层次感。就如同中国画中的留白，极大地拓展了审美意境和审美空间。

2）加入黑色：黑色体现神秘、潮流、高档感，有强烈的设计韵味。

3）加入灰色：灰色体现高品质、精雕细琢，并能更好地衬托其他色彩。

2.2 UI 配色技巧

在 App 的界面设计中，就重要性而言，色彩元素扮演的角色仅次于功能。人与计算机的互动主要基于与图形用户界面元素的交互，而色彩在该交互中起着关键作用，它可以帮助用户查看和理解 App 的内容，与正确的元素互动，并了解操作。每个 App 都会有一套配色方案，并在主要区域使用其基础色彩。

正因为有无数种色彩组合的可能，在设计 App 时，最为艰难和耗时的就是决定一个效果好的配色方案。真正能够和整个设计项目贴合，覆盖整个设计中所有元素需求的配色，需要在设计中不断地调整和验证。

UI 界面设计种类繁多，面对的用户也各不相同，但究其根本就是人与界面的交互关系。UI 界面在设计时遵从的技巧也应以人为本，具体技巧可以从以下两个方面入手。

2.2.1 颜色与用户关系的搭配技巧

1. 颜色运用与用户年龄之间的关系

不同性别及不同年龄层的用户所喜爱的界面风格是大不相同的。女性用户较青睐轻松活泼的界面，此类界面中主要以对比色调搭配，明度高，色彩明亮、醒目，在一定程度上使人心情愉悦（图 2-1）。男性用户则偏爱明快简洁的配色，界面整体色彩多以冷色调为主，给人以深沉、大气的感觉（图 2-2）。老年人由于视力因素的影响，较喜爱色彩对比大的界面（图 2-3）。

图 2-1　轻松活泼的界面

图 2-2　明快简洁的界面

2. 颜色运用与用户情绪之间的关系

色彩有各种各样的心理效果和情感效果，会给受众以不同的感觉，用户在接收不同颜色时，情绪会受到相应的影响（表 2-1）。例如理财类软件，软件界面需要带给用户严谨、理性的感觉，使用户在接触界面时能够冷静思考、理性分析。因此理财软件多采用深蓝色、棕色等冷色调色彩，象征着稳健、平和（图 2-4）。而一些益智小游戏类软件，其界面需要带给用户轻松、愉快的感觉，使用户在接触界面时能够放松精神和释放压力。这类软件常采用饱和度较高的暖色调，象征着活泼、明朗（图 2-5）。

图 2-3　色彩对比大的界面

表 2-1　各种色彩对应的心理效果和情感效果

色彩	联想	感受
红	太阳、血液、火焰、心脏、苹果、杨梅、消防车、红旗、口红	热情、喜庆、革命、反抗、刺激、爱情、活泼、庄严、危险、信号、振奋、愤怒
橙	胡萝卜、橙子、晚霞、秋叶、橘子、柿子	和谐、香甜、富贵、活力、烦恼、积极、明朗、胜利、快乐、勇敢、兴奋、热烈、温暖、明亮
黄	阳光、黄金、菊花、香蕉、稻谷、柠檬	注意信号、光明、明快、华贵、不安、愉快、希望、灿烂、辉煌、野心
绿	树木、草地、牧场、公园、青菜、西瓜、宝石、邮政、春天、自然	和平、生命、理想、凉爽、清新、安静、公正、成长、希望、满足、青春、安全信号
蓝	水、海洋、天空、湖泊、远山、玻璃、宝石、夏天	清凉、冷静、悠久、自由、镇静、诚实、理智、平静、冷淡、渺茫、阴影
紫	葡萄、茄子、紫藤、紫罗兰、紫菜、牵牛花	高贵、奢华、优雅、忧郁、病态、痛苦、嫉妒、消极、虔诚、古朴、古典
白	白云、雪、纸、白萝卜、兔、牛奶、豆腐、护士、救护车	纯洁、高尚、正直、神圣、清白、天真、公正、朴素、清洁、悲哀、虚无、冬天
黑	夜晚、头发、墨、木炭、煤炭	黑暗、恐怖、失望、死亡、哀悼、罪恶、沉默、冷淡、庄重、严肃、永恒

图 2-4　理财类界面

图 2-5　游戏类界面

2.2.2　颜色与界面结构的搭配技巧

1. 引导页与主页中颜色搭配的技巧

引导页与主页的颜色搭配分为两类：一类是多个引导页的搭配，一类是引导页与主页的搭配。引导页一般选用三种搭配方法。

（1）使用单色。单色可简化、统一页面，但在使用单色搭配时应避免过于单调，可通过调整颜色的饱和度和透明度使其产生变化，让页面内容更加丰富（图 2-6）。

图 2-6　单色界面

（2）使用邻近色。采用邻近色设计可以使页面避免色彩杂乱，易于达到页面的和谐统一（图 2-7）。

图 2-7　邻近色界面

（3）使用对比色。对比色可以突出重点，产生了强烈的视觉效果。在设计时一般以一种颜色为主色调，对比色作为点缀，可以起到画龙点睛的作用（图 2-8）。

图 2-8　对比色界面

引导页与主页之间的色彩搭配可以分为互补色和同类色两类。互补色搭配可增加引导页到主页的视觉跳跃感，给用户焕然一新的感觉。同类色搭配让引导页与主页之间色彩表达更为和谐，突出主题。

2. 背景与按钮中颜色搭配的技巧

选择背景色彩时，应注意背景不可掩盖主体。背景色可分为两类：一类是无彩色，一类是有彩色。无彩色即黑白灰系列，黑色背景既不影响主体内容，也可给人一种高端大气和神秘的感觉，适用于娱乐影音类软件（图2-9）；白色或灰色背景，有简化、洁净页面的功效，使用户在使用时更加舒心，一般适用于信息量大、图片较多的软件，如购物、微博等。有彩色也是常用的背景色，有彩色背景可吸引用户的注意，也可营造出各种风格，或清新，或热烈。但为了不与主题发生冲突，降低色彩刺激感，使用有彩色时应降低色彩的明度和饱和度（图2-10）。

图2-9 无彩色背景

按钮是引导用户使用软件的关键，按钮的使用也有诸多技巧。一方面：按钮的色彩搭配多用对比色。按钮与背景之间常采用对比色搭配，如社交类软件中的消息提示。红色显眼、鲜亮的特点使消息更加醒目，起到了提示作用（图2-11）。按钮与按钮之间的色彩搭配也遵循以上规律。如购物类软件界面的按钮使用明度高的颜色，这一类色彩一般代表"已选择、可点击、可交易"等；未选中的界面按钮则常使用灰色，灰色一般代表"不能点击、不允许、无效、已售空"等。

图 2-10　有彩色背景

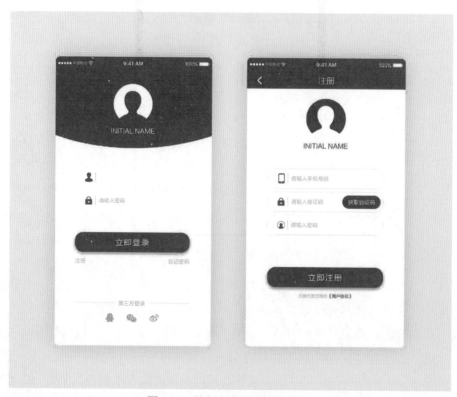

图 2-11　按钮与背景对比色搭配

另外一方面，对比色会给视觉带来较强冲击力，受众长时间观看会视觉疲劳，这时可通过降低色彩的明度或饱和度来让色彩变得更加和谐，使人眼更加舒适。如，学习类软件常采用降低色彩明度的方法，使按钮在起到提示作用的同时，不会使人感到刺眼，从而达到护眼的目的。

UI 界面色彩搭配设计不仅仅是设计出交互方便、美观的界面，还要考虑用户心理和行业的区别，以及不同的应用界面是否能通过不同色彩搭配，表达出不同的意向等。同时，不同的 UI 界面色彩搭配也能在一定程度上影响手机用户的心情。这就要求 UI 设计师有扎实的色彩基础知识，并且能够运用一些设计搭配技巧，找到合适的色彩，表达出应用所需要传达的情感，设计出用户喜欢的风格。同时，设计师还要充分发挥不同色彩的优势，设计出具有更强感染力、更高视觉体验度的个性化产品。

2.3 UI 文字与图形搭配

在进行 UI 设计时，图形元素的构造难度比较大，其需要在保持整体的简洁性和创新性这一基础上，进行信息的延展性处理以及文字变化模式的生动性创新。在进行信息交流以及表达的过程中，则需要通过图形元素的适当应用来突破不同类型的语言障碍。此外在进行元素信息处理的过程中，也需要在结合文化差异性的基础上进行信息的有效处理，从而获得整体的设计效果。只有将视觉元素的各种符号进行直观性的展现，才能使整体界面具备更为直观的艺术效果。

2.3.1 文字与图形的艺术特征及表现手法

在视觉艺术的创意中，图形和文字的表现是最直观的，两者都发挥着很大的作用。图形和文字在视觉传达的艺术特性上是一种视觉形象，是最基本也是最重要的一种设计表达语言。将图形和文字的视觉艺术结合，对视觉传达设计具有重要的作用，也可获得较强的视觉冲击力，吸引人们的眼球，给大众留下深刻印象。

随着人们的需求不断提高，视觉效果感应能力不断提升，人们对文字与图形的设计有了更高层次的需求，促使视觉设计空间越来越大。在这种情况下，文字和图形的结合能够让设计者有更多的创意想象，并且不断发掘文字和图形的潜在魅力，将文字和图形完美结合，在视觉传达艺术中进行创新。

2.3.2 图形元素的设计对 App 界面设计的影响

1. 图形元素的设计方法对 App 界面的影响

（1）信息传达方式的改变。在信息化社会中，人们每天通过手机接收大量的信息。

起初，基于文字表达的准确性、习惯性、有深度等优势，人们比较愿意选择这种方式传递信息。但随着技术的进步和人们需求的变化，文字的抽象性限制着信息的交流和传达。而相对于文字传达的方式，图形传达方式在目前具有更大的优势，通过具体的、直观的、形象的设计，图形在有限的屏幕中辨识度更高。而且在沟通方面，图形是世界互通的，不需要转换，因此提高了大众的信息接收效率。

（2）形象思维方式与逻辑思维方式的结合。人类的思维方式分为两种：形象思维和逻辑思维。形象思维是一种本能的思维，是人们认识客观事物最基本的方式之一。App 界面的信息图形设计将复杂、抽象、难以理解和掌握的信息转换为直观的图形，更加有利于人们的认识和理解，这就是利用形象思维认识事物的原理。而逻辑思维是 App 界面设计人员对收集到的信息内容进行整合分析和充分理解，再加以恰当的表达，最后用理性的思考方式进行 App 信息图形的制作、传播。

由此可见，App 界面设计要通过逻辑思维对收集的信息进行理性的数据分析，再用具体的形象思维方式展现出来，将两种思维方式结合可提高信息传达的效果。

2. App 界面设计中图形设计的特性

App 界面设计中图形设计的特性如下所述。

（1）信息传播快、传达准确。大部分信息是由视觉进入人的大脑并被接收的，因此视觉是人们接收信息最主要的方式。运用图形的直观表达方式，通过信息的图形化和视觉化可以将繁杂的信息转换为清晰、容易理解的 App 界面，使人们更快速、更准确地掌握信息，提高信息的传播速度。

（2）表达信息更直观。信息图形化已经是目前 App 界面设计的基本要求。通过图形的合理设计，可以将繁杂的文字信息转化为简单易懂的视觉化、符号化信息，并借助 App 界面表现出来，让人们在最短的时间内接收到重要的信息。简单明了的图形化设计，生动、直观地表现出需要传达的信息内容，方便人们理解和分析。

2.3.3　图形元素与文字信息在 App 界面中的设计方式

1. 文字、数据的图形化

信息基本是由大量数据和文字组成的。设计师在设计阶段需要运用信息图形的符号，对文字、数据信息进行消化理解、归纳总结，挖掘出信息的关键，运用生动、准确的图形和必要的文字进行组合设计，使人们能快速、高效地识别与处理相关的图形信息。

2. 文字与图形色彩的合理搭配

色彩搭配在 App 界面的信息传达中起到了非常重要的作用，设计师可以通过颜色的合理搭配来展示需要传达信息的重要性和类型等。图形和文字的有效结合能够直观地突出需要传达的重点信息。在 App 界面设计的过程中，要注意文字与图形搭配的色彩要素，合理运用色彩搭配原则和技巧。色彩的搭配在视觉接收上起到了很大的作用，是信息传达的重要手段之一。

3．文字与图形的趣味化

人们每天接收到的信息数量非常庞大，在传达信息的过程中，要充分考虑到人们的接收能力和认知能力。因此，在 App 中通过合理的文字与图形的结合来传达信息时，适当增强图形和文字的创意性和趣味性，能提高视觉冲击力，吸引受众的注意，使受众产生阅读兴趣，使信息从众多信息中脱颖而出，让受众更快捷地了解和接收到相关信息，最终达到传播信息的目的。

课后练习

一、选择题

1．为了让界面中的重要元素变得突出，可使用的处理方式有（　　）。

    A．使用鲜艳明快的色彩　　　　　　B．周围适当留白

    C．越大越好　　　　　　　　　　　D．放在界面中的醒目位置

2．增强视觉元素之间层次感的方式有（　　）。

    A．色彩对比　　　　　　　　　　　B．大小对比

    C．位置对比　　　　　　　　　　　D．位置对比

3．下列颜色属于暖色的是（　　）。

    A．白色　　　　　　　　　　　　　B．红色

    C．橙色　　　　　　　　　　　　　D．蓝色

4．下列可以加强色彩对比的方法是（　　）。

    A．色相临近　　　　　　　　　　　B．色相互补

    C．明度差异大　　　　　　　　　　D．饱和度差异大

5．下列关于绿色的描述，准确的有（　　）。

    A．在教育、环境、健康、食品等相关的 App 上经常使用

    B．容易与其他颜色搭配

    C．中性色的绿色象征着自然、生命、希望、和平、健康、安全

    D．深绿象征着稳定、沉着，嫩绿象征着新鲜、充满生机

二、判断题

1．用户的注意力一般按照一个特定的顺序依次被吸引：颜色、动态、形状。（　　）

2．色相的象征意义是固定的，是由人类的视觉生理反应决定的。（　　）

3．从色调、色相两方面来看，色调更容易决定界面的整体印象，营造界面氛围。（　　）

答案

一、选择题

1．ABD　2．ABCD　3．BC　4．BCD　5．ABCD

二、判断题

1．错　2．错　3．对

传承经典 倾心

来自法国5大法定产

波尔多 罗纳河谷 朗格多克 卢瓦尔河

五星级酒店供应商
FIVE-STAR HOTEL SUPP

★ ★ ★

第3章
UI 界面设计

本章导读

UI 界面是用户与手机系统应用交互的窗口，移动 UI 界面的设计不仅要时尚美观，还要注重各个功能的整合，力求让用户无障碍、快捷有效地使用不同功能，从而提高用户体验的满意度。本章要求读者在理解相关概念的基础上重点掌握 UI 设计的原则、设计的规范以及 UI 界面设计的基本要素等内容。

本章要点

- UI 界面设计的概念
- UI 界面设计的原则
- UI 界面设计的规范
- UI 界面设计的基本要素

3.1 UI 界面设计的概念

界面设计是人与机器之间传递和交换信息的媒介。好的 UI 界面设计能够吸引人，给人耳目一新的感觉，这就要求设计者不仅要具备广告创意能力，还要了解设计心理学，抓住用户的心理。手机 App 界面设计和网页界面设计如图 3-1、图 3-2 所示。

自然的人机交互方式在向三维、多通道交互的方向发展。近些年来，随着信息技术与计算机技术的迅速发展，网络技术的突飞猛进，人机界面设计和开发已然成为国际计算机和设计界最为活跃的研究方向。界面设计体现在我们生活中的每一个环节，例如，手机系统界面、软件界面、网站界面、KTV 点歌屏界面、游戏操作界面、智能电视界面、汽车导航界面、VR 虚拟现实等。随着用户体验变得越来越重要，手机界面、电视界面、软件界面等这些常见的界面都不再像以前那样古板，而是既要美观，又要具备良好的交互体验，以便用户使用起来更加舒适和方便。可以把 UI 界面分成两大类：硬件界面和软件界面。

图 3-1　手机 App 界面设计

图 3-2　网页界面设计

3.2 UI 界面设计的原则

设计师必须保证自己的设计有很好的易曲性——在各种复杂环境下都要保证"可用"且不出现严重的视觉干扰。在进行视觉设计时首先应该把握好一个尺度，行业软件绝对不是以外观的华丽来取胜的，或者说，当前国内市场上，行业软件尚未达到那种只能在外观上寻求突破的高度。

3.2.1 UI 界面设计基本原则

UI 界面设计基本原则如下所述。

（1）增强用户的视觉体验。通过一些漂亮精致的界面、生动有趣的动画画面和动听悦耳的声音等来吸引用户的注意力；可以使用一些独特、艳丽、明亮的颜色，带给用户强烈的视觉体验。

（2）提高实际对象的设计感，使其比按钮和菜单更有趣。让用户最大限度地直接触摸和控制 App 中的对象，带给用户更多的触摸感和体验感。

（3）加强人性化设计。在界面功能的设计上，让用户既能快速地使用默认的设置，又可以根据自己的需求进行自定义设置。

（4）最大限度地满足用户需求。了解和掌握用户的使用习惯，使界面的设计能够最大限度地适应用户的使用习惯，而不是简单地要求用户照做。

3.2.2 UI 界面图形设计原则

UI 界面图形设计原则如下所述。

（1）保持简洁性。图形的选择和使用应尽量简洁化。在手机这个有限的界面空间内，要对图形的设计进行归纳、概括，最终选用最具代表性的图案放在界面中。

（2）图片比文字的识别性更强。用户对图形的识别能力和理解能力都要比对文字来得快，所以，在移动端 UI 界面设计中，要尽可能多地使用图片，用图片解释想法。

（3）替用户做决定，但最终决定权在用户手中。不是一开始就问，先猜测，允许撤销，通过各种提示信息，让用户作出自己的判断。

（4）只显示用户需要的信息。将任务和信息分块，隐藏非必需选项，节约用户的时间，避免一些不必要的操作，达到即使是新手用户也能快速熟悉和掌握相应功能的目的。

（5）圆形元素在界面设计中的运用原则。

1）圆形头像。放眼望去，圆形头像已然占领了我们的手机。圆形头像能够更好地帮助用户聚焦到人脸，在选择照片作为头像时，如果是圆形，用户更愿意选择脸部的照片作为头像。图 3-3 所示是 QQ 软件的界面图形设计，它主要采用了圆形的头像设计，整体画面看上去简洁明了，能够让用户快速地找到所需要的信息，节省用户的时间，满足他们的需要。

图 3-3　圆形头像

不管是圆形还是方形头像，用户使用头像的目的，归根结底是作为个人身份的象征。例如注册名、用户 ID、用户头像，在这些选项中，头像更直观，更能够快速被识别和记忆，尤其是特别吸引人的帅哥美女更容易给人留下深刻印象。除此之外，一些个性头像，更能彰显自己的性格特点。

2）圆形的图标。在 App 的 UI 设计中，我们会经常看到一排排圆形的图标，圆形和方形比起来，显得要灵动很多，不那么呆板、严肃，而且圆形能够使图标在方形页面中脱颖而出，更加醒目，识别性更强。圆形的图标如图 3-4 所示。

在界面设计中，圆形元素通常不是独立存在的，而是和其他元素相生相息，相互包容的。在寻求好的视觉效果的同时，也要弄清楚页面元素之间的相互关系，这样的设计才是好设计。除此之外，在使用圆形元素时要注意页面的平衡，例如左右和上下的对齐居中。为了保证页面的均衡和清爽，通常会在圆形元素周围保留较多的空白。这些都是在使用圆形元素时需要注意的事项。

3）圆形与方形的结合。圆与方就像太极中的阴与阳，相生相克，而又生生不息。巧妙地将圆形与方形进行结合，能够让页面变得生动活泼，也能够更好地实现功能上的引导。如图 3-5 所示，它是一款集美食、娱乐、旅游等模块为一体的应用图标，为了更好地区分每个模块的特点，在整体的界面图形设计上采用了圆形和方形相结合的方式，这样的设计可以让使用者快速地找到自己所需要的模块，更加人性化。

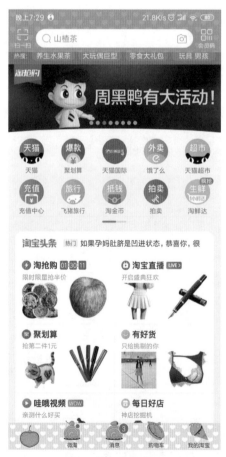

图 3-4　圆形的图标

图 3-5　圆形和方形的结合

【例 3-1】制作手机界面，如图 3-6 所示。

图 3-6　手机界面

色彩分析：搜索栏中图像以白色作为底色，搭配黑色文字及图案，简单明了，色彩分明。整个画面以黑、白、灰、红为主。

步骤：

（1）执行"文件→新建"命令，新建一个 1242 像素 ×2208 像素的空白文档，如图 3-7 所示。打开素材库，将相应的素材拖入画布中，如图 3-8 所示。

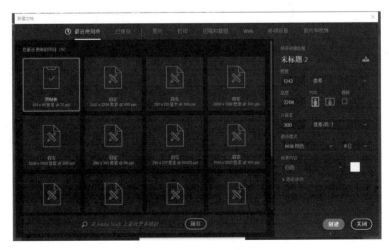

图 3-7　新建文件

图 3-8　背景素材

（2）单击工具箱中的"矩形工具"按钮，在画布中绘制黑色的矩形，将透明度改为82% 并将背景素材拖入画布中，如图 3-9 所示。

图 3-9　素材填入效果

（3）将闹钟 App 拖入界面中，编辑其大小，如图 3-10 所示。

图 3-10　闹钟 App

（4）使用横排文字工具，输入"时间"（方正舒体，18 点），将透明度改为 90%，效果如图 3-11 所示。

图 3-11　文字输入

（5）使用相同的方法依次把其他 App 图标拖入界面中，编辑其大小，最终效果如图 3-6 所示。

3.3　UI 界面设计的规范

3.3.1　UI 界面设计尺寸

1. 设计尺寸

目前做安卓设计稿时的尺寸一般采用 1080px×1920px，因为它是现在的主流尺寸，方便适配。Android 的密度划分及其代表的分辨率见表 3-1。

表 3-1　Android 的密度划分及其代表的分辨率

密度	LDPI	MDPI	HDPI	XHDPI	XXHDPI	XXXHDPI
密度值（px/dip）	120	160	240	320	480	640
分辨率 [dp(dip)/px]	240×320	320×480	480×800	720×1280	1080×1920	3840×2160
倍率关系	0.75X	1X	1.5X	2X	3X	4X
px、dp 的关系	1dp=1px	1dp = 1.5px	1dp=1.5px	1dp = 2px	1dp = 3px	1dp=4px

iOS 以 750px×1334px 作为设计稿尺寸，这个尺寸从中间尺寸向上和向下适配的时候界面调整的幅度最小，最方便适配。如果使用 Sketch 软件，用 1 倍图（375px×667px）来做设计；如果使用 PS 软件，以 750px×1334px 来做设计。

iPhone 常见设备尺寸：

iPhone & iPod Touch 第一代、第二代、第三代：320px×480px；

iPhone 4-iPhone 4s：640px×960px；

iPhone 5、5C、5S：640px×1136px；

iPhone 6：750px×1334px；

iPhone 6 Plus 物理版：1080px×1920px；

iPhone 6 Plus 设计版：1242px×2208px；

iPhone 常见设计尺寸：

iPhone SE：640px×1136px；

iPhone 6s/7/8：750px×1334px；

iPhone 6s/7/8 Plus：1242px×2208px；

iPhone X：750px×1624px（@2x）/1125px×2436px（@3x）；

iPhone 常见设备尺寸及设计尺寸如图 3-12 所示。

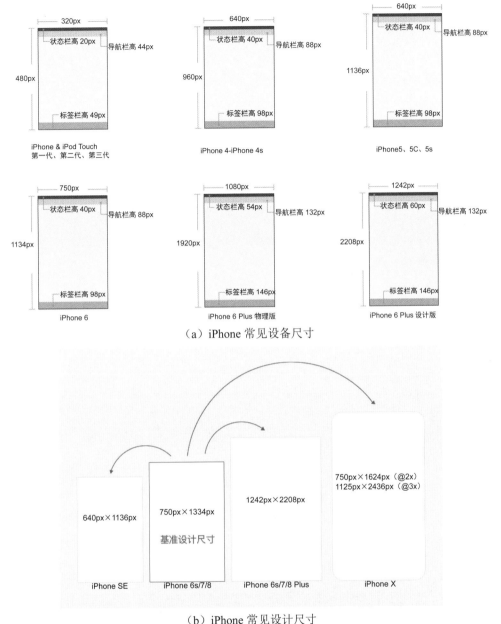

（a）iPhone 常见设备尺寸

（b）iPhone 常见设计尺寸

图 3-12　iPhone 常见设备尺寸及设计尺寸

2. 单位换算

主要了解：dp、sp 以及与 px 之间的转换关系。

（1）dp。dip，设备独立像素，又称 Density-independent pixel，是安卓开发用的长度单位。dp 会随着不同屏幕而改变控件长度的像素数量。典型用途是允许移动设备软件将信息显示和用户交互扩展到不同的屏幕尺寸。1dp 表示在屏幕像素点密度为 160ppi 时 1px 长度。

（2）sp。dp 是长度单位，sp 是字体单位。sp 与 dp 类似，但是可以根据用户的字体大小首选项进行缩放，一般情况下可认为 sp=dp。

（3）px。pixel（像素），电子屏幕上组成一幅图画或照片的最基本单元，指在由一个数字序列表示的图像中的一个最小单位，称为像素。平常我们所说的界面尺寸：1920×1080 —— 是像素数量，也就是 1920px×1080px（代表手机高度上有 1920 个像素点，宽度上有 1080 个像素点）。

3.3.2　文本规范

为了保证 UI 界面整体看起来更加美观，必须严格按照规范来设计，在字体的使用方面，也有严格的规定，在安卓系统里使用的英文字体是 Roboto，中文字体是 droid sans fallback。随着安卓手机分辨率的增加，中文字体的选择也多了几种，比如中文也可以使用思源黑体等。

iOS 手机内的文字大小设置与所在页面、所在层级、所表达内容属性密切相关。文字设置和属性设置分别见表 3-2、表 3-3。

表 3-2　文字设置

元素	字重	字号 /pt	行距 /pt	字间距 /pt
Title1	Light	28	34	13
Title2	Regular	22	28	16
Title3	Regular	20	24	19
Headline	Semi-Bold	17	22	−24
Body	Regular	17	22	−24
Callout	Regular	16	21	−20
Subhead	Regular	15	20	−16
Footnote	Regular	13	18	−6
Caption1	Regular	12	16	0
Caption2	Regular	11	13	6

表 3-3　属性设置

元素	字号 /pt	字重	字距 /pt	类型
Nav Bar Title	17	Medium	0.5	Display
Nav Bar Button	17	Regular	0.5	Display
Search Bar	13.5	Regular	0	Text
Tab Bar Button	10	Regular	0.1	Text
Table Header	12.5	Regular	0.25	Text
Table Row	16.5	Regular	0	Text
Table Row Subline	12	Regular	0	Text
Table Footer	12.5	Regular	0.2	Text
Action Sheets	20	Regular/Medium	0.5	Display

iOS9：中文字体为冬青黑体，英文字体为 Helvetica Neue。

iOS10、iOS11：中文字体为苹方（Ping Fang SC Light），英文字体为 San Francisco。

大小规范如下：

导航栏标题：32 ～ 36px。

标题文字：30 ～ 32px。

内容区域文字：24 ～ 28px。

辅助性文字：20 ～ 24px。

3.3.3 基础组件

1. 间距与元素尺寸

大多数间距单位是 8dp 的整数倍，对齐间距和整体布局。较小的组件（如图标和排版）可以与 4dp 网格对齐。间距与元素尺寸如图 3-13 所示。

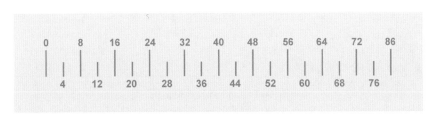

图 3-13　间距与元素尺寸

（1）App bars：Top 如图 3-14 所示。

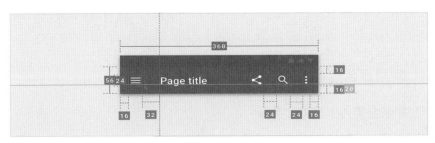

图 3-14　Top

（2）App bars：bottom 如图 3-15 所示。

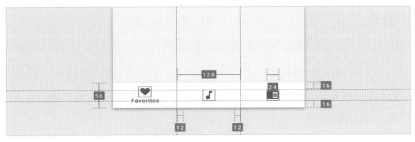

图 3-15　bottom

（3）icon 尺寸如图 3-16 所示。

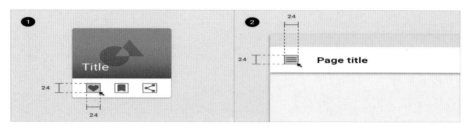

图 3-16　icon 尺寸

（4）icon 有效触摸范围如图 3-17 所示。

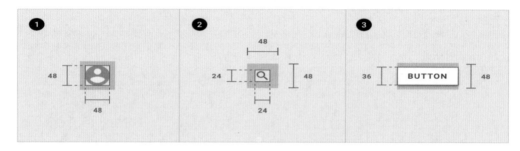

图 3-17　icon 有效触摸范围

2. 切图 & 标注

一般来说，提供 3 套切图资源就可以满足适配：HDPI、XHDPI、XXHDPI。

命名：模块—功能—控件—状态—xhdpi.png，建议用 dp 与 sp 去标注页面，不推荐用 px。

3.3.4　常用命名规范

1. 所有命名全部为小写英文字母

设计师在使用切图的过程中，不能够随意修改名称，且在开发的代码里只有小写的英文字母，如果给出的名称全是中文，使用的时候一定会被更改。所以名称全部用小写的英文字母是最基本的规则。

2. 命名格式

一个大型项目会分很多模块，每个模块由不同的设计师来独立完成，还有人会专门管理公共的组件，如 tabbar、navbar 等，在这种情况下就会分为两种切图：一种是通用类型的切图，一种就是各个模块特有的切图。功能命令和系统控件命名分别见表 3-4 和表 3-5。

通用切图命名格式：

组件—类别—功能—状态 @2x.png

举例：tabbar-icon-home-default@2x.png

模块特有切图命名规则：

模块—类别—功能—状态 @2x.png

举例：mail-icon-search-pressed@2x.png

表 3-4　功能命名

功能	命名	功能	命名	功能	命名
确定	OK	添加	Add	下载	Download
取消	Cancel	编辑	Edit	等待	Waiting
关闭	Close	查看	View	安装	Install
删除	Delete	加载	Loading	卸载	Uninstall
最小化	Min	搜索	Seach	导入	Import
最大化	Max	暂停	Pause	导出	Export
菜单	Menu	继续	Continue	返回	Back
选择	Select	更多	More	前进	Forward
发送	Send	刷新	Refresh	更新	Update

表 3-5　系统控件

系统控件	命名	系统控件	命名	系统控件	命名
状态栏	Status bar	导航栏	Navigation bar	标题栏	Action bar
标签栏	Tab bar	工具栏	Toolbar	编辑单	Edit menu
开关	Switch	滑杆	Sliders	弹窗	Dialog
分割线	Divider	搜索栏	Search bar	按钮	Button
单选框	Radio	列表	List	滚动条	Scroll
复选框	Checkbox	进度条	Progress	背景	Background
图标	Icon	线条	Line	动画	Animation

【例 3-2】绘制音乐播放器界面。

色彩分析：界面以图片为背景，以红色为主色，使得整个画面和谐，搭配同色系按钮及滑块，增强画面整体感。

使用技术：矩形工具、多边形工具、剪贴蒙版

规格尺寸：1920×1080（像素）

（1）执行"文件→新建"命令，设置各参数，如图 3-18 所示。

（2）创建矩形框，填充黑色，如图 3-19 所示。

（3）执行"文件→打开"命令，打开素材，如图 3-20（页面主要内容）与图 3-21（空手机素材）所示，将 3-20 背景图和 3-21 手机素材放入图 3-19 所示的矩形框中，创建剪

贴蒙版，如图 3-22 所示。

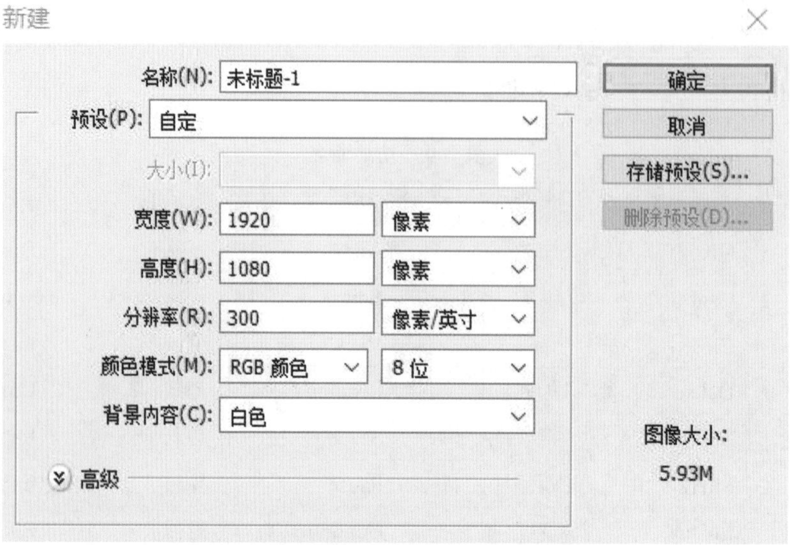

图 3-18　新建文件

图 3-19　创建矩形框

图 3-20　背景图

图 3-21　手机素材

图 3-22　创建剪贴蒙版

（4）创建矩形条，填充 RGB（64,120,145），放置位置如图 3-23 所示。

图 3-23　创建矩形条

（5）单击"文字工具"按钮，加入"最后一页 江语晨"字样，如图 3-24 所示。

图 3-24　输入文字

（6）在上一个矩形下方创建下一个矩形框，填充 RGB（45,138,180），加入内容元素（利用画笔工具与椭圆工具、钢笔工具等），将最下面空白处填充与第一个矩形相同的颜色，完成音乐播放器界面的绘制，如图 3-25 所示。

图 3-25　绘制播放条

3.4　UI 界面设计的基本要素

3.4.1　界面元素概述

不管是在软件开发方面，还是在人机交互等方面，界面元素都是必不可少的。人机界面的开发是用能支持界面元素的系统来构造人机界面。在设计阶段，要根据人机交互的需求分析来策划如何选择这些界面元素。界面元素主要包括视图、控件和组件三个方面。

3.4.2　用户界面元素

1. 主屏幕和二级菜单

（1）主屏幕。主屏幕可以自定义地放置应用图标、目录和窗口小部件，不同的主屏幕面板可以通过左右滑动来切换。收藏栏放置在屏幕的底部，无论怎样切换面板，它都会一直显示重要的图标和目录。所有的应用和窗口展示界面可以通过点击收藏栏中间的所有应用按钮来显示，通过主屏幕，可以直观完整地看到所有的应用图标和小部件，方便使用者快速准确地找到所需要的图标、部件和功能。

（2）二级菜单界面。通过上下滑动界面上的图标可以浏览所有安装在设备上的应用和窗口小部件。用户可以在所有应用中通过拖动图标，把应用或窗口小部件放置在主屏幕的空白区域。这样的设计方便使用者根据自己的喜好和习惯来布置应用和小部件，更好地满足消费者的需要。主屏幕和二级菜单如图 3-26 所示。

图 3-26　主屏幕和二级菜单

2. 状态栏

此模块包含状态栏（电池、Wi-Fi 信号等）和下拉通知栏。状态栏位于手机界面的顶端，可以显示移动数据、飞行模式、热点、蓝牙、勿扰模式、闹钟等，时间和电池图标是必须保留的，可以选择在电池图标内部显示剩余电量。向下滑动状态栏可看到通知栏里的相关内容。另外还有个 DEMO 模式，它可以强制关闭状态栏通知，并固定显示网络信号、剩余电量、系统时间，方便在截屏或者录像的时候得到一个统一的状态栏。状态栏颜色有黑、白两种。有的主题需要改变状态栏颜色，此时可以通过全局属性进行调整，使界面调用白色或黑色状态栏，如图 3-27 所示。

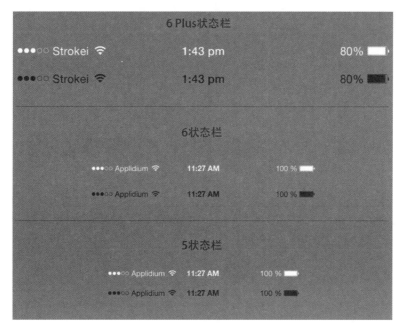

图 3-27　状态栏

3. 导航抽屉

导航抽屉是一个从屏幕左边滑入的面板，用于显示应用的主要导航项。不同的导航样式具有不同的特点和优劣势，可根据使用者的需求来选择导航样式。常见的手机 App 界面导航样式主要有以下 8 种。

标签导航，它位于页面底部，通常比较合适的数量是 5 个，此导航样式比较适用于用户频繁地在不同分页进行切换，它的缺点是会占用大量的空间。舵式导航，它是标签导航的一种变体，由于它的样式非常像轮船上用来指挥的船舵，两侧是其他操作按钮，它适用于有处于同一层级的几大部分内容，同时又需要一个非常重要且频繁操作的入口的页面。抽屉导航，是很受用户喜爱的一种导航样式，它是菜单隐藏在当前页面后，点击入口就可以像拉抽屉一样拉出菜单，它的优势是节省页面展示空间，让用户将其注意力聚焦到当前页面。宫格导航，是将所有主要入口聚合在页面，让用户作出选择，此种样式选择压力较大，不能让用户在第一时间看到所需要的内容。组合导航，可以被理解为是一种图形化的文字链，它比较适用于用户需要聚焦内容，同时又需要一些快捷入口能够连接到某些页面的场景，该导航样式相对比较灵活，更能适应架构的高速调整。列表导航，经常使用于二级页面，因为它不会默认展示什么实质内容，所以通常不会在首页使用它。它的优势是结构清晰、易于理解、高效，可以帮助用户高速地定位到相应的页面。tab 导航，用于当应用层级较多时，改变当前的视图或对当前页面内容进行分类查看的场景，一般用于二级页，此导航样式和标签导航类似。轮播导航，当页面应用信息足够扁平时，可以采用此种导航，如果应用得当，可以带给用户意想不到的体验，此种导航操作最方便，也可以最大限度地保证应用页面的简洁性，缺点是不能高速地定位相应的分页内容。以上导航样式如图 3-28 所示。

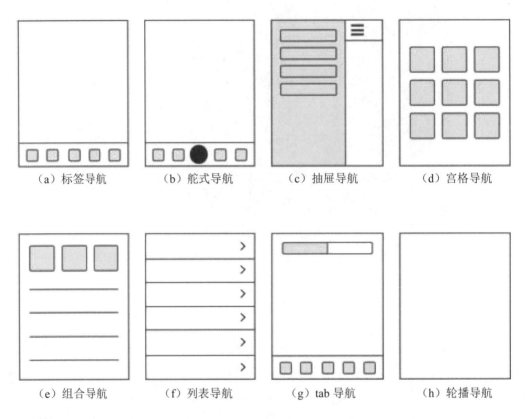

| （a）标签导航 | （b）舵式导航 | （c）抽屉导航 | （d）宫格导航 |

| （e）组合导航 | （f）列表导航 | （g）tab 导航 | （h）轮播导航 |

图 3-28　导航样式

4. 操作栏

操作栏设计是界面设计中至关重要的一个环节，会直接影响用户的体验，一般位于手机的最下方。其中包含 3 个按钮，左侧为返回，中间作为主界面，右侧为最近任务。随着科技的迅速发展和用户审美水平的提升，市面上的全屏手机越来越多。全屏手机的操作栏更加灵活，不用单独点击按钮，用户可以直接在主界面上左右滑动，实现自己的操作。操作栏能够仔细考虑应用程序的行为，使得应用程序可以做出准确细致的导航，如图 3-29 所示。

【例 3-3】制作 QQ 界面。

案例分析：本案例制作 QQ 界面，其界面由状态栏、导航栏和操作栏组合而成，详细对界面中各个元素的制作进行介绍，在绘制过程中要注意对不规则元素的绘制以及界面布局的排列。

色彩分析：以蓝色为主色，白色为辅色，通过对形状、颜色的调整，突出文字的可辨识度，界面整体色彩要协调统一。

图 3-29 操作栏

使用技术：PS 工具

规格尺寸：1080×1920（像素）

步骤：

（1）执行"文件→新建"命令，设置对话框中的各项参数，如图 3-30 所示。单击"矩形工具"按钮，设置颜色为 RGB（51,51,51），在画布中创建矩形，如图 3-31 所示。

（2）利用"圆角矩形"工具画一个圆角矩形，右击图层位置，单击"格式化图层"，在按住 Ctrl 键的同时，右击图层图标位置，出现圆角矩形选区，将其填充为白色，如图 3-32 所示。

新建			✕
名称(N):	未标题-1		确定
预设(P):	自定	⌄	取消
大小(I):		⌄	存储预设(S)...
宽度(W):	1080	像素 ⌄	删除预设(D)...
高度(H):	1920	像素 ⌄	
分辨率(R):	72	像素/英寸 ⌄	
颜色模式(M):	RGB 颜色 ⌄	8 位 ⌄	
背景内容(C):	白色	⌄	图像大小：
			5.93M
⌄ 高级			
颜色配置文件(O):	sRGB IEC61966-2.1	⌄	
像素长宽比(X):	方形像素	⌄	

图 3-30 新建文件

图 3-31　创建矩形

图 3-32　创建圆角矩形

（3）在"圆角矩形"下边框绘制矩形，利用渐变工具，填充浅黑到深黑渐变色。

（4）再用椭圆选框工具、钢笔工具、自定义形状工具，在下框内作出小图标，四个小图标做法相似，用钢笔工具绘制出大致图形（类圆形可以使用椭圆选区进行操作），用钢笔绘制好图形后，按组合键"Ctrl+Enter"，将路径变成选区，填充灰色，再使用文本工具，打出相应文字，文字颜色和图标颜色相同，为 RGB（126,126,126），将其摆放好位置，制作完成，效果如图 3-33 所示。

图 3-33   小图标和文字

课后练习

1．绘制手机锁屏界面。
2．绘制手机音乐播放器界面。
3．绘制手机微信界面。

随手笔记

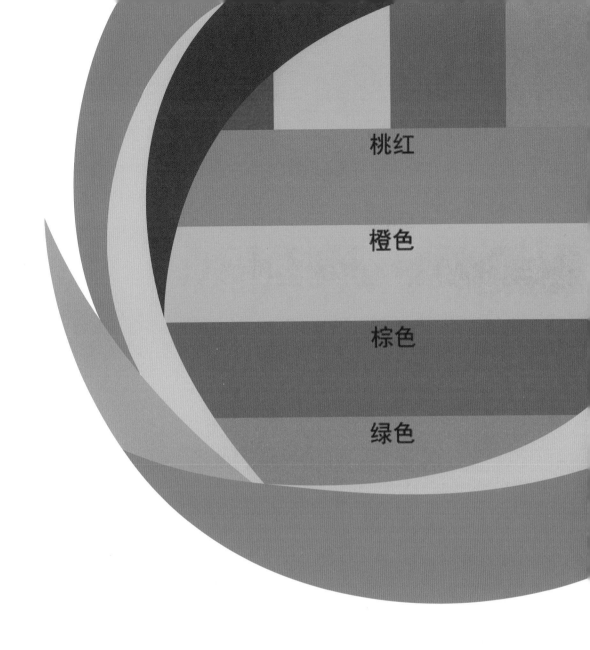

桃红

橙色

棕色

绿色

第 4 章
手机 App 的设计布局

本章导读

用户界面设计（UI）是屏幕产品设计的重要组成部分，是一个复杂的有不同学科参与的工程。本章将对如何布局用户界面进行详细讲解，首先介绍如何控制 UI 界面，然后介绍几种常用的布局管理器的使用方法。

本章要点

- 线性布局
- 相对布局
- 表格布局
- 框架布局
- 嵌套布局

4.1 布局概述

用户界面设计（UI）是 Android 应用开发中最基本，也是最重要的内容。在设计用户界面时，首先需要了解如何将界面中的 UI 元素呈现给用户，也就是如何控制 UI 界面。

布局管理器提供了在 Android 程序中安排和展示组件的方法。通过使用布局管理器，开发人员可以很方便地在容器中控制组件的位置和大小，可以有效地管理整个界面的布局。本章将对 Android 中常用的 5 种布局管理器进行详细讲解。

4.1.1 View 类

在一个 Android 应用程序中，用户界面通过 View 和 ViewGroup 对象构建。Android 中有很多种 Views 和 ViewGroups，它们都继承自 View 类。View 对象是 Android 平台上表示用户界面的基本单元。

View 类：

Extends Object

Implements Drawable.Callback KeyEvent.Callback AccessibilityEventSource

View 类表示用户界面组件的基本构建块。一个 View 占据屏幕上的一个矩形区域，并负责绘图和事件处理。View 类是 widgets 的基类，widgets 用于创建交互式 UI 组件（buttons、text fields 等）。View 类的直接子类 ViewGroup 是 layouts 的基类，layouts 是不可见的容器，用户用它保持其他 Views 或者其他 ViewGroups 及定义它们的布局属性。

一个 View 对象是一个数据结构，用来存储屏幕上一个特定矩形区域的布局参数和内容。一个 View 对象处理它自己的测度、布局、绘图、焦点改变、滚动、键 / 手势等与屏幕上矩形区域的交互。作为用户界面中的对象，View 也是与用户交互的一个点且是交互事件接收器。

在 Android 平台上，定义活动的 UI 使用的 View 和 ViewGroup 节点的视图层次结构如图 4-1 所示。根据需要这个层次树可以是简单的或复杂的，并且可使用 Android 预定义的 widgets 和 layouts 集合，或者使用自定义的 Views。

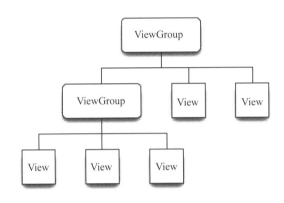

图 4-1　视图层次结构

为了将视图层次树呈现到屏幕上，你的活动必须调用 setContentView() 方法并将其传递到根节点对象的引用中。Android 系统接收这个引用并使用它来验证、测度、绘制树。层次的根节点要求它的子节点绘制它们自己——相应地每个视图组节点要求调用自己的子视图去绘制它们自己。子视图可能在父视图中请求指定的大小和位置，但是父视图对象有最终决定权（子视图在哪个位置及多大）。因为它们是按序绘制的，如果元素有重叠的地方，重叠部分后面绘制的将在之前绘制的上面。

4.1.2　Android 中使用 XML 文件进行布局

Android 中提供了一种非常简单、方便的用于控制 UI 界面的方法。该方法采用 XML 文件来进行界面布局，从而将布局界面的代码和逻辑控制的 Java 代码分离开来，使得程序的结构更加清晰、明了。布局文件以 .xml 为扩展名，保存在 res/layout/ 目录下面，它将会被正确地编译。

使用 XML 布局文件控制 UI 界面可以分为以下两个关键步骤：

（1）在 Android 程序的 res/layout 目录下编写 XML 布局文件，XML 布局文件名通常全部为小写字母。文件保存后，R.java 文件会自动创建该布局文件的对象，对象为一个十六进制的整型值，后面我们通过使用该整型值来引用布局文件。

（2）在 Activity 中使用以下 Java 代码显示 XML 文件中布局的内容。

```
setContentView(R.layout.main);
```
在上面的代码中，main 是 XML 布局文件名。

4.1.3　Android 中使用代码进行布局

在 Android 中，也可以通过代码来控制 UI 界面，也就是所有的 UI 组件都通过 new 关键字创建，然后将这些 UI 组件添加到布局管理器中，从而实现用户界面。

在代码中控制 UI 界面可以分为以下 3 个关键步骤：

（1）创建布局管理器。布局管理器可以是帧布局、表格布局、线性布局和相对布局等，并且要设置布局管理器的属性，例如，为布局管理器设置背景图片等。

（2）创建具体的组件。组件可以是 TextView、ImageView、EditText 和 Button 等任何 Android 提供的组件，并且要设置组件的布局和各种属性。

（3）将创建的具体组件添加到布局管理器中。

4.2　线性布局

Android 中的线性布局管理器用 LinearLayout 表示。它是将放入其中的组件按照垂直或水平方向来布局，也就是控制放入其中的组件是横向排列还是纵向排列。在线性布局中，每一行（针对垂直排列）或每一列（针对水平排列）中只能放一个组件，并且 Android 的线性布局不会换行，当组件一个挨着一个排列到界面的边缘后，剩下的组件将不会被显示出来。

在 Android 中，可以在 XML 布局文件中定义线性布局管理器，也可以使用 Java 代码来创建。推荐在 XML 布局文件中定义线性布局管理器。在 XML 布局文件中定义线性布局管理器需要使用 <LinearLayout> 标记，其基本的语法格式如下：

```
<LinearLayout xmlns:android="http://schemas.android.com/apk/res/android"
    属性列表
>
</LinearLayout>
```

每个 View 和 ViewGroup 对象支持它们自己的各种 XML 属性。一些属性特定于一个 View 对象（例如，TextView 支持 textSize 属性），但是这些属性也被继承自这个类的任何 View 对象继承。一些属性对所有 View 对象可用，因为它们从根 View 类继承（诸如 id 属性）。有些属性被定义为"布局参数"，这些属性描述特定 View 对象的特定布局方向，由对象的父 ViewGroup 对象定义。

在线性布局管理器中，常用的属性包括 android:orientation、android:gravity、android:layout_width、android:layout_height、android:id 和 android:background。其中，前两个属性是线性布局管理器支持的属性，后面的 4 个属性是 android.view.View 和 android.

view.ViewGroup 支持的属性。

（1）android:orientation 属性。android:orientation 属性用于设置布局管理器内组件的排列方式。其可选值为 horizontal（水平排列）和 vertical（垂直排列），默认值为 vertical。其中，horizontal 表示水平排列，vertical 表示垂直排列。

（2）android:gravity 属性。android:gravity 属性用于设置布局管理器内组件的对齐方式。其可选值包括 top（顶端对齐）、bottom（底端对齐）、left（左侧对齐）、right（右侧对齐）、center_vertical（垂直居中对齐）、fill_vertical（垂直对齐）、center_horizontal（水平居中对齐）、fill_horizontal（水平对齐）、center（居中对齐）等。这些属性值也可以同时指定，各属性值之间用竖线隔开。例如要指定组件靠右上角对齐，可以使用属性值 right|top。

（3）android:layout_width 属性。android:layout_width 属性用于设置组件的基本宽度。其可选值有 fill_parent、match_parent 和 wrap_content。其中 fill_parent 表示该组件的宽度与父容器的宽度相同；match_parent 与 fill_parent 的作用完全相同，从 Android 2.2 开始推荐使用；wrap_content 表示该组件的宽度恰好能包裹它的内容。

（4）android:layout_height 属性。android:layout_height 属性用于设置组件的基本高度。其可选值有 fill_parent、match_parent 和 wrap_content，其中 fill_parent 表示该组件的高度与父容器的高度相同；match_parent 与 fill_parent 的作用完全相同，从 Android 2.2 开始推荐使用；wrap_content 表示该组件的高度恰好能包裹它的内容。

（5）android:id 属性。android:id 属性用于为当前组件指定一个 id 属性，在 Java 代码中可以应用该属性单独引用这个组件。为组件指定 id 属性后，在 R.java 文件中，会自动派生一个对应的属性，在 Java 代码中，可以通过 findViewById() 方法来获取它。

（6）android:background 属性。android:background 属性用于为该组件设置背景。可以设置背景图片，也可以设置背景颜色。为组件指定背景图片时，可以将准备好的背景图片复制到相应目录下，然后使用下面的代码进行设置：

```
android:background="@drawable/background"
```
本文示例均在 Android Studio 中编码调试。

【例 4-1】以水平布局的方式在界面显示 5 个按钮，程序运行的界面如图 4-2 所示。

在 activity_main.xml 中添加如下代码：

```
<?xml version="1.0" encoding="utf-8"?>
<android.support.constraint.ConstraintLayout xmlns:android="http://schemas.android.com/apk/res/android"
    xmlns:app="http://schemas.android.com/apk/res-auto"
    xmlns:tools="http://schemas.android.com/tools"
    android:layout_width="match_parent"
    android:layout_height="match_parent"
    tools:context=".MainActivity">

    <LinearLayout
        android:layout_width="match_parent"
```

```
        android:layout_height="match_parent"
        android:orientation="horizontal">
        <Button
            android:layout_width="wrap_content"
            android:layout_height="wrap_content"
            android:text="BUTTON1"
            android:layout_weight="1"/>
        <Button
            android:layout_width="wrap_content"
            android:layout_height="wrap_content"
            android:text="BUTTON2"
            android:layout_weight="1"/>
        <Button
            android:layout_width="wrap_content"
            android:layout_height="wrap_content"
            android:text="BUTTON3"
            android:layout_weight="1"/>
        <Button
            android:layout_width="wrap_content"
            android:layout_height="wrap_content"
            android:text="BUTTON4"
            android:layout_weight="1"/>
        <Button
            android:layout_width="wrap_content"
            android:layout_height="wrap_content"
            android:text="BUTTON5"
            android:layout_weight="1"/>
    </LinearLayout>

</android.support.constraint.ConstraintLayout>
```

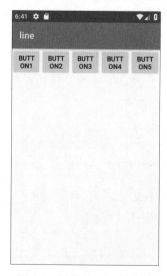

图 4-2 线性布局运行结果

思考：如何将例 4-1 中的水平布局换成垂直布局？

提示：将 orientation 属性值换为 vertical。

4.3 相对布局

相对布局是一个 ViewGroup 以相对位置显示它的子视图（view）元素。一个视图可以指定相对于它的兄弟视图的位置（例如在给定视图的左边或者下边）或相对于 RelativeLayout 的特定区域的位置（例如底部对齐或中间偏左）。

相对布局是设计用户界面的有力工具，因为它消除了嵌套视图组。如果你发现你使用了多个嵌套的 LinearLayout 视图组，则可以考虑使用一个 RelativeLayout 视图组了。

使用相对布局方式就是使用属性将视图定位到你想要的位置，属性的值是你参照的视图的 id。相对视图的属性见表 4-1。

表 4-1 相对视图的属性

XML 属性	描述
android:layout_above	其属性值为其他 UI 组件的 id 属性，用于指定该组件位于哪个组件的上方
android:layout_toLeftOf	其属性值为其他 UI 组件的 id 属性，用于指定该组件位于哪个组件的左侧
android:layout_toRightOf	其属性值为其他 UI 组件的 id 属性，用于指定该组件位于哪个组件的右侧
android:layout_below	其属性值为其他 UI 组件的 id 属性，用于指定该组件位于哪个组件的下方
android:layout_alignParentBottom	其属性值为 boolean 值，用于指定该组件是否与布局管理器底端对齐
android:layout_alignParentLeft	其属性值为 boolean 值，用于指定该组件是否与布局管理器左边对齐
android:layout_alignParentRight	其属性值为 boolean 值，用于指定该组件是否与布局管理器右边对齐
android:layout_alignParentTop	其属性值为 boolean 值，用于指定该组件是否与布局管理器顶端对齐
android:layout_alignRight	其属性值为其他 UI 组件的 id 属性，用于指定该组件与哪个组件的右边界对齐
android:layout_alignTop	其属性值为其他 UI 组件的 id 属性，用于指定该组件与哪个组件的上边界对齐
android:layout_alignBottom	其属性值为其他 UI 组件的 id 属性，用于指定该组件与哪个组件的下边界对齐
android:layout_alignLeft	其属性值为其他 UI 组件的 id 属性，用于指定该组件与哪个组件的左边界对齐

【例 4-2】完成简单登录界面的布局，程序运行后的界面如图 4-3 所示。

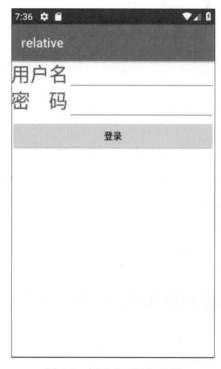

图 4-3　相对布局运行结果

在 activity_main.xml 中添加如下代码：

```xml
<?xml version="1.0" encoding="utf-8"?>
<android.support.constraint.ConstraintLayout xmlns:android="http://schemas.android.com/apk/res/android"
    xmlns:app="http://schemas.android.com/apk/res-auto"
    xmlns:tools="http://schemas.android.com/tools"
    android:layout_width="match_parent"
    android:layout_height="match_parent"
    tools:context=".MainActivity">

    <RelativeLayout
        android:layout_width="match_parent"
        android:layout_height="match_parent">
        <TextView
            android:layout_width="wrap_content"
            android:layout_height="wrap_content"
            android:text=" 用户名 "
            android:textSize="30dp"
            android:id="@+id/user_txt"/>
        <EditText
            android:layout_width="match_parent"
            android:layout_height="wrap_content"
```

```
      android:id="@+id/user_edit"
      android:layout_toRightOf="@id/user_txt"/>
  <TextView
      android:layout_width="wrap_content"
      android:layout_height="wrap_content"
      android:text=" 密    码 "
      android:textSize="30dp"
      android:id="@+id/pass_txt"
      android:layout_below="@id/user_txt"/>
  <EditText
      android:layout_width="match_parent"
      android:layout_height="wrap_content"
      android:id="@+id/pass_edit"
      android:layout_toRightOf="@id/pass_txt"
      android:layout_below="@id/user_edit"/>
  <Button
      android:layout_width="match_parent"
      android:layout_height="wrap_content"
      android:layout_below="@id/pass_edit"
      android:gravity="center"
      android:text=" 登录 "/>
  </RelativeLayout>
</android.support.constraint.ConstraintLayout>
```

4.4　表格布局

表格布局是一个 ViewGroup 以表格显示它的子视图（view）元素，即以行和列标识一个视图的位置。

下面是几个表格布局的属性说明：

（1）android:shrinkColumns。该属性对应的方法为 setShrinkAllColumns(boolean)，其作用是设置表格的列是否收缩（列编号从 0 开始，下同），多列用逗号隔开（下同），如 android:shrinkColumns="0,1,2"，即表格的第 1、2、3 列的内容是收缩的，以适合屏幕（即不会挤出屏幕）。

（2）android:collapseColumns。该属性对应的方法为 setColumnCollapsed(int,boolean)，其作用是设置表格的列是否隐藏。

（3）android:stretchColumns。该属性对应的方法为 setStretchAllColumns(boolean)，其作用是设置表格的列是否拉伸。

【例 4-3】使用表格布局完成简单登录界面，程序运行后的界面如图 4-4 所示。

在 activity_main.xml 中添加如下代码：

```xml
<?xml version="1.0" encoding="utf-8"?>
<android.support.constraint.ConstraintLayout xmlns:android="http://schemas.android.com/apk/res/android"
    xmlns:app="http://schemas.android.com/apk/res-auto"
    xmlns:tools="http://schemas.android.com/tools"
    android:layout_width="match_parent"
    android:layout_height="match_parent"
    tools:context=".MainActivity">
    <TableLayout
        android:layout_width="match_parent"
        android:layout_height="match_parent"
        android:stretchColumns="0,1">

        <TableRow
            android:layout_width="match_parent"
            android:layout_height="wrap_content">
            <TextView
                android:layout_width="wrap_content"
                android:layout_height="wrap_content"
                android:text="用户名"
                android:textSize="30dp"
                />
            <EditText
                android:layout_width="match_parent"
                android:layout_height="wrap_content"
                />

        </TableRow>
        <TableRow
            android:layout_width="match_parent"
            android:layout_height="wrap_content">
            <TextView
                android:layout_width="wrap_content"
                android:layout_height="wrap_content"
                android:text="密    码"
                android:textSize="30dp"
                />
            <EditText
                android:layout_width="match_parent"
                android:layout_height="wrap_content"
                />
        </TableRow>
        <TableRow
            android:layout_width="match_parent"
            android:layout_height="wrap_content">
            <Button
                android:layout_width="match_parent"
                android:layout_height="wrap_content"
```

```
                android:gravity="center"
                android:text=" 登录 "/>
            <Button
                android:layout_width="match_parent"
                android:layout_height="wrap_content"
                android:gravity="center"
                android:text=" 取消 "/>
        </TableRow>
    </TableLayout>
</android.support.constraint.ConstraintLayout>
```

图 4-4　表格布局运行结果

4.5　框架布局

　　框架布局管理器用 <FrameLayout> 表示。在该布局管理器中，每加入一个组件，都将创建一个空白的区域，通常称为一帧，这些帧都会根据 gravity 属性执行自动对齐。默认情况下，框架布局是从屏幕的左上角 (0,0) 坐标点开始布局，多个组件层叠排序，后面的组件覆盖前面的组件。

　　框架布局管理器也被称为帧布局管理器。

　　在 Android 中，可以在 XML 布局文件中定义框架布局管理器，也可以使用 Java 代码来创建。推荐在 XML 布局文件中定义框架布局管理器。在 XML 布局文件中，定义框架布局管理器需要使用 <FrameLayout> 标记。框架视图的属性见表 4-2。

表 4-2　框架视图的属性

XML 属性	描述
android:foreground	设置该框架布局容器的前景图像
android:foregroundGravity	定义绘制前景图像的 gravity 属性，也就是前景图像显示的位置

【例 4-4】使用框架布局递进地显示三个色块，程序运行后的界面如图 4-5 所示。

在 activity_main.xml 中添加如下代码：

```xml
<?xml version="1.0" encoding="utf-8"?>
<android.support.constraint.ConstraintLayout xmlns:android="http://schemas.android.com/apk/res/android"
    xmlns:app="http://schemas.android.com/apk/res-auto"
    xmlns:tools="http://schemas.android.com/tools"
    android:layout_width="match_parent"
    android:layout_height="match_parent"
    tools:context=".MainActivity">

    <FrameLayout
        android:layout_width="match_parent"
        android:layout_height="match_parent">
        <TextView
            android:layout_width="300px"
            android:layout_height="300px"
            android:background="#EE7942"/>
        <TextView
            android:layout_width="260px"
            android:layout_height="260px"
            android:background="#EE9A00"/>
        <TextView
            android:layout_width="220px"
            android:layout_height="220px"
            android:background="#EEE685"/>
    </FrameLayout>
```

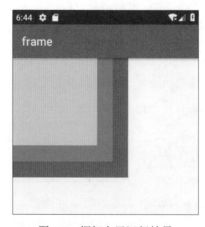

图 4-5　框架布局运行结果

4.6 嵌套布局

嵌套布局就是将多种布局模式放在一起使用，可以使用相同的布局嵌套，也可以使用不同的布局嵌套，使用起来并不复杂。

【例 4-5】使用嵌套布局模式显示多个色块，运行结果如图 4-6 所示。

在 activity_main.xml 中添加如下代码：

```xml
<?xml version="1.0" encoding="utf-8"?>
<android.support.constraint.ConstraintLayout xmlns:android="http://schemas.android.com/apk/res/android"
    xmlns:app="http://schemas.android.com/apk/res-auto"
    xmlns:tools="http://schemas.android.com/tools"
    android:layout_width="match_parent"
    android:layout_height="match_parent"
    tools:context=".MainActivity">
    <LinearLayout
        android:layout_width="match_parent"
        android:layout_height="match_parent"
        android:orientation="vertical">
        <LinearLayout
            android:layout_width="match_parent"
            android:layout_height="wrap_content"
            android:orientation="horizontal"
            android:layout_weight="1">
            />
            <TextView
                android:layout_width="wrap_content"
                android:layout_height="fill_parent"
                android:text=" 蓝色 "
                android:gravity="top|center"
                android:background="#0000aa"
                android:layout_weight="1"
                />
            <TextView
                android:layout_width="wrap_content"
                android:layout_height="fill_parent"
                android:text=" 橙色 "
                android:gravity="top|center"
                android:background="#FFA500"
                android:layout_weight="1"
                />
            <TextView
                android:layout_width="wrap_content"
```

```
          android:layout_height="fill_parent"
          android:text=" 棕色 "
          android:gravity="top|center"
          android:background="#A0522D"
          android:layout_weight="1"
          />
      <TextView
          android:layout_width="wrap_content"
          android:layout_height="fill_parent"
          android:text=" 绿色 "
          android:gravity="top|center"
          android:background="#6E8B3D"
          android:layout_weight="1"
          />
  </LinearLayout>
  <LinearLayout
      android:layout_width="match_parent"
      android:layout_height="wrap_content"
      android:orientation="vertical"
      android:layout_weight="1">
      <TextView
          android:layout_width="match_parent"
          android:layout_height="fill_parent"
          android:text=" 桃红 "
          android:gravity="top|center"
          android:background="#D15FEE"
          android:layout_weight="1"
          />
      <TextView
          android:layout_width="match_parent"
          android:layout_height="fill_parent"
          android:text=" 橙色 "
          android:gravity="top|center"
          android:background="#FFA500"
          android:layout_weight="1"
          />
      <TextView
          android:layout_width="match_parent"
          android:layout_height="fill_parent"
          android:text=" 棕色 "
          android:gravity="top|center"
          android:background="#A0522D"
          android:layout_weight="1"
          />
      <TextView
```

```
        android:layout_width="match_parent"
        android:layout_height="fill_parent"
        android:text=" 绿色 "
        android:gravity="top|center"
        android:background="#6E8B3D"
        android:layout_weight="1"
        />
    </LinearLayout>
  </LinearLayout>
</android.support.constraint.ConstraintLayout>
```

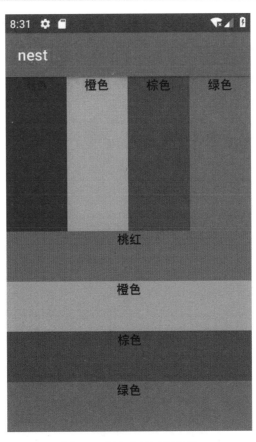

图 4-6　嵌套布局运行结果

课后练习

1. 使用线性布局垂直排列四张图片。

2. 请使用所学的知识完成一个简易计算器的布局，界面如图 4-7 所示。

图 4-7　计算器布局

第 5 章
UI 图标设计

本章导读

本章主要介绍图标设计基础知识和各行业 UI 图标的设计特征、设计方法等内容，其中涉及餐饮类图标设计、医疗类图标设计、体育类图标设计、视听类图标设计等。

本章要点

- UI 图标的概念及特征
- UI 图标的分类
- 各行业 UI 图标的设计特征
- 各行业 UI 图标的设计方法

5.1 UI 图标设计基础知识

5.1.1 UI 图标的概念及特征

1. UI 图标的概念

UI 图标是高标识性、高概括性的图形语言，它可以将丰富的语言信息通过浓缩提炼的视觉符号传达出去，是用户识别信息、理解界面、实现人机交互的有效途径。

2. UI 图标的特征

（1）交互性。UI 图标具有高度提炼信息、利于效率记忆的特点。UI 图标的人机交互是基于视觉元素的。

（2）语义性。UI 图标能直观地传播信息，并能打破国界、地域限制，具有文字无可比拟的优势。

（3）规划性。UI 图标有着统一的规格，更易于界面不同数据的规划、人机交互大量信息的传达，避免由于文字大小不一、组词长短不同带来的布局影响。

5.1.2 UI 图标的分类

1. 按功能分类

（1）应用图标。应用图标又称启动图标，是打开和运行应用程序的图标。启动图标讲究识别性、行业性。启动图标通常作为应用在手机页面、计算机桌面或应用商店里面的标识，如美团、QQ、微信、腾讯等图标。具体如图 5-1 所示。

图 5-1   美团、QQ、微信、腾讯的图标

（2）功能图标。功能图标是软件内部起到解释和装饰功能的图标，是工具的图标化释义。功能图标具有简约性、概括性、传达性等特点，如图片、拍摄等图标，如图5-2 所示。

图 5-2   图片、拍摄图标

2. 按设计风格分类

（1）手绘图标。手绘图标是随意的手绘或涂鸦，沿袭了绘画的技巧和方法，可达到更随意、更自由、更生动的效果，可具象，亦可抽象，如乐看儿童动画等图标。具体如图 5-3 所示。

（2）扁平化图标。扁平化图标重点是打造纯平面图标，不要阴影、高光、立体等效果，达到更简化、符号化的效果。扁平化图标多以线条、形状夺人眼球，简约而不简单，如滴滴出行等图标，如图 5-4 所示。

图 5-3   乐看儿童动画图标

图 5-4   滴滴图标

（3）文字图标。文字图标是以文字为主体的图标，字体可进行适当的美化、设计，

但首要的是图标的可识别性，如淘宝、闲鱼等图标。具体如图 5-5 所示。

图 5-5　淘宝、闲鱼图标

（4）超写实图标。超写实图标是在绘画基础上衍生而来的超具象图标，是对所描绘的对象细腻、精致的质感的刻画和表达，近乎逼真的拍照效果，如 Repix- 精彩照片编辑器、edjing 混音等图标。具体如图 5-6 所示。

图 5-6　Repix - 精彩照片编辑器、edjing 混音图标

（5）多质感图标。多质感图标使用渐变、投影、透明度、立体等效果，追求层次感和丰富感，如百度地图、酷狗铃声等图标。具体如图 5-7 所示。

（6）线性图标：用粗细不同的单线来构成的图标，如蓝牙等图标。具体如图 5-8 所示。

图 5-7　百度地图、酷狗铃声图标　　　　　图 5-8　蓝牙图标

3．按表现形式分类

（1）平面图标：图标只有水平的 X 轴和垂直的 Y 轴。

（2）立体图标：图标有三个轴，X 轴、Y 轴、Z 轴，以体现立体感。

5.2　各行业 UI 图标设计

5.2.1　餐饮类图标设计

随着我国国民经济的快速发展，居民的收入水平越来越高，对餐饮消费的需求日益旺盛，餐饮业营业额一直保持较强的增长势头。近几年来，我国餐饮业每年都以较高的速度增长，可以说整个餐饮市场发展态势良好。随着互联网的发展，餐饮 App 如雨后春笋般发展起来。餐饮 App 将分享、优惠的功能融合在一起，为用户提供了便捷的服务，是传统餐饮迈向新兴智能时代的转折点。互联网让人们的美食消费变得更便利。

【例 5-1】餐饮类图标设计案例，图标如图 5-9 所示。

图 5-9　餐饮类图标

（1）新建文档。执行"文件→新建"命令，新建一个空白文档（也可以按组合键"Ctrl+N"），在弹出的"新建"对话框中设置页面大小，"宽度"为"1100 像素"，"高度"为"1100 像素"，"分辨率"为"72 像素 / 英寸"，"颜色模式"为"RGB 颜色"，"背景内容"为"透明"，如图 5-10 所示。

（2）绘制基本形。选择"圆角矩形工具"，如图 5-11 所示。在选项栏中设置半径像素为 60 像素，绘制一个长宽为 1024 像素的矩形，填充颜色（#f6f6dc），描边色设为咖色（#4c2929），如图 5-12 所示。背景设置为"水平居中对齐"和"垂直居中对齐"。

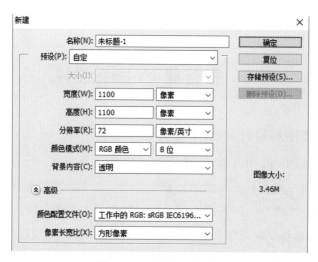

图 5-10　"新建"对话框

图 5-11　选择"圆角矩形工具"

图 5-12　绘制矩形

（3）绘制图形。使用"文本工具"输入"汤"字样，将"汤"字做变形处理，如图 5-13 所示。再绘制出面条图形，如图 5-14 所示。

图 5-13　将"汤"字进行变形处理

图 5-14　绘制面条图形

再次使用"文本工具"输入"牛"和"肉"字样，并将其放在相应位置，如图 5-15 所示。

图 5-15　输入"牛"和"肉"字样

（4）绘制图片中的汤的颜色。用画笔工具绘制出图 5-16 的样式，颜色分别选取绿色（#0b8d0b）和红色（#ee2d07）。

（5）绘制图片中"淮南"的字样。用"文本工具"写出"淮南"字样，并用椭圆形状工具绘制两个圆，填充黄色（#b39906），并将字样放入其中，做删除处理，如图 5-17 所示。

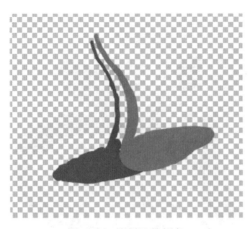

图 5-16　绘制汤的颜色

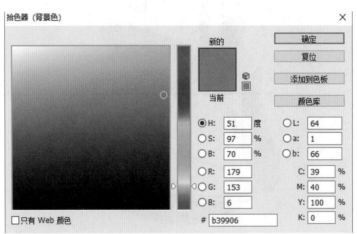

图 5-17　绘制"淮南"字样

（6）保存。单击文件选择"另存为"，保存为 PSD 格式。或者用组合键"Ctrl + Shift +S"进行保存。

5.2.2　医疗类图标设计

在各行业争相开发 App 时，国内的医疗业也不甘示弱。医疗 App 是医疗业抢占市场的得力小助手。医疗 App 以耗时少、诊断快、花费少等优势，缓解了医疗资源供不应求的紧张状况，让患者可以及时就诊。

【例 5-2】医疗类图标设计案例，图标如图 5-18 所示。

图 5-18　医疗类图标

（1）新建文档。执行"文件→新建"命令，新建一个空白文档（也可以按组合键"Ctrl + N"），在弹出的"新建"对话框中设置页面大小，"宽度"为"1100 像素"，"高度"为"1100 像素"，"分辨率"为"72 像素 / 英寸"，"颜色模式"为"RGB 颜色"，"背景内容"为"白色"，如图 5-19 所示。

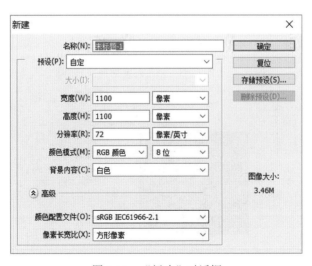

图 5-19　"新建"对话框

（2）绘制基本形。选择"圆角矩形工具"，如图 5-20 所示。在选项栏中设置半径为 80 像素。绘制一个长宽为 1024 像素的矩形，填充色为白色，描边色设为红色（# cc3333），如图 5-21 所示。将背景设置为"水平居中对齐"和"垂直居中对齐"。

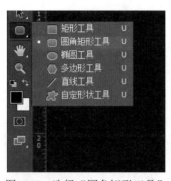

图 5-20　选择"圆角矩形工具"

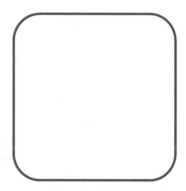

图 5-21　绘制矩形

（3）绘制胶囊红色图层。拉出绘制导线，如图 5-22 所示。先新建图层，选择"矩形工具"，绘制并填充红色（#cc3333），如图 5-23 所示，取消选区；再新建图层，选择"椭圆工具"，绘制并填充橘红色 (#ff3300)，如图 5-24 所示，取消选区；最后，选择画笔工具，颜色设为（#ff9999），绘制胶囊红色高光部分，如图 5-25 所示。

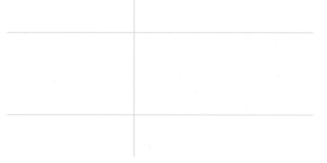

图 5-22　拉出绘制导线

图 5-23　填充红色

图 5-24　填充橘红色

图 5-25　绘制红色高光部分

（4）胶囊白色图层。新建图层，复制胶囊红色图层并粘贴到新图层，执行"编辑"→"自由变换路径"→"旋转"命令,绘制胶囊白色部分,填充颜色为白色（#e6e6e6），然后用画笔工具绘制高光，如图 5-26 所示。

图 5-26　绘制胶囊白色部分

（5）绘制心形部分。选中胶囊红色图层和白色图层，合并图层。复制、粘贴并旋转新图层，得到若干胶囊图层，形成心的形状，打包图层为"组"，如图 5-27 所示。

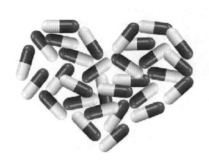

图 5-27　绘制心形部分

（6）添加内阴影。选择"内阴影"项，设置"混合模式"为"正片叠底"[颜色为黑色（#000000）]，"不透明度"为"75%"，"角度"为"129 度"，"距离"为"4 像素"，"阻塞"为"0%"，"大小"为"5 像素"。最后单击"确定"按钮，如图 5-28 所示。

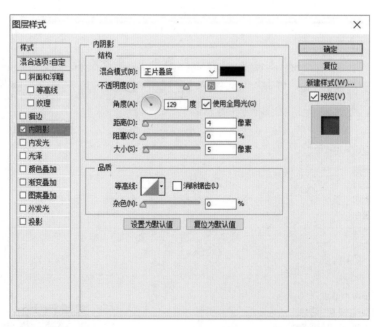

图 5-28　"图层样式 - 内阴影"对话框

（7）添加内发光。选择"内发光"项，设置"混合模式"为"滤色"，"不透明度"为"100%"，"杂色"为"0%"，"阻塞"为"0%"，"大小"为"5 像素"。最后单击"确定"按钮，如图 5-29 所示。

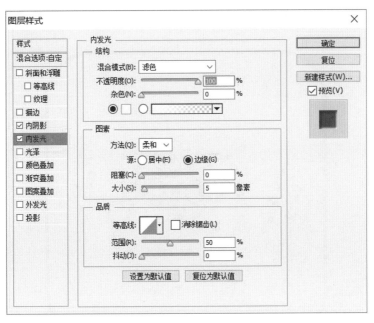

图 5-29　"图层样式－内发光"对话框

（8）添加投影。选择"投影"项，设置"混合模式"为"正片叠底"[颜色为灰色（#cccccc）]，"不透明度"为"93%"，"角度"为"129 度"，"距离"为"13 像素"，"扩展"为"4%"，"大小"为"10 像素"，参数设置如图 5-30（a）所示。最后单击"确定"按钮，效果如图 5-30（b）所示。

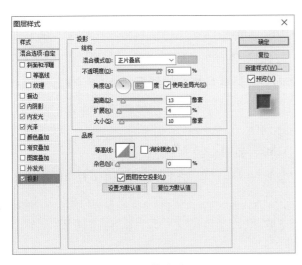

（a）参数设置　　　　　　　　　　　　　　　（b）效果

图 5-30　"图层样式 - 投影"对话框及心形图效果

（9）绘制"心电图"。选择"钢笔工具"，在选项栏中选择"路径"选项，绘制"心电图"外形，如图 5-31 所示。选择路径面板，将路径变为选区，新建一个图层，为其填充红色（#cc3333），取消选区，如图 5-18 所示。

图 5-31　绘制"心电图"外形

（10）保存图标文件。将图标文件保存为 PSD 格式，选择"文件"→"另存为"命令（或者用组合键"Ctrl + Shift +S"）进行保存。

5.2.3　体育类图标设计

体育产业指"与体育运动相关的一切生产经营活动，包括体育物质产品和体育服务产品的生产、经营"。随着社会的发展，人们对体育运动的需求日益增长，体育运动不再是少数人的专利。随着体育事业产业化的日益完善，体育运动已经成为一种特殊的可供娱乐的消费品。为了适应人们日益增长的体育消费需求，专门从事体育服务产品生产和经营的人也越来越多，体育类 App 也应运而生。

【例 5-3】体育类图标设计案例，图标样式如图 5-32 所示。

（1）新建文档。执行"文件→新建"命令（也可以按组合键"Ctrl + N"），新建一个空白文档，在弹出的"新建"对话框中设置页面大小，"宽度"为"1100 像素"，"高度"为"1100 像素"，"分辨率"为"72 像素 / 英寸"，"颜色模式"为"RGB 颜色（8 位）"，"背景内容"为"白色"，如图 5-33 所示。

（2）绘制基本形。选择"圆角矩形工具"，如图 5-34 所示。在选项栏中设置半径为 80 像素。绘制一个长宽为 1024 像素的矩形，填充色为白色，描边色设为绿色（#336666），如图 5-35 所示。将背景设置为"水平居中对齐"和"垂直居中对齐"。

图 5-32　体育类图标

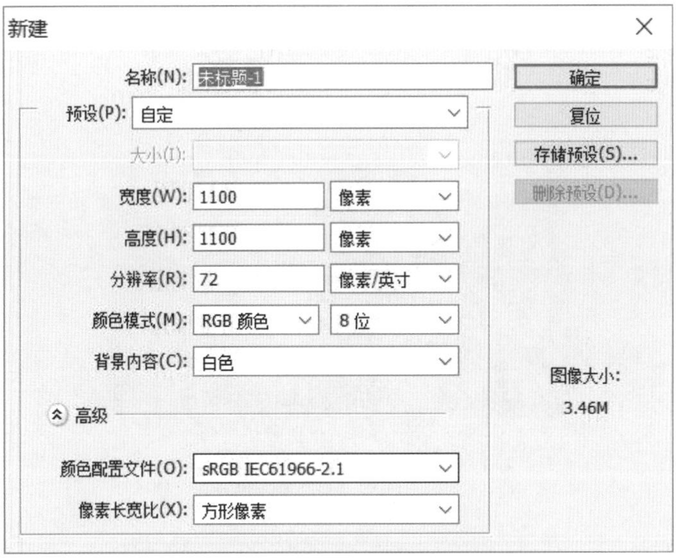

图 5-33　"新建"对话框

图 5-34　选择"圆角矩形工具"

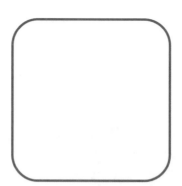

图 5-35　绘制矩形

（3）球体修图。首先雕刻橡皮章，雕刻图像如图 5-36 所示。随后，将雕刻好的橡皮章在纸上进行拓印，如图 5-37 所示。打开拓印好的图片，选择"魔棒工具"，将"容差"设为 100，选取后拖移到新建文件中，如图 5-38 所示。

图 5-36　雕刻橡皮章

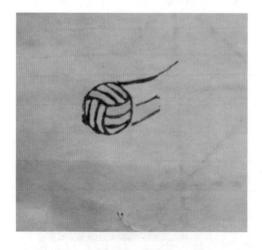

图 5-37　拓印

图 5-38　修改后的橡皮章

（4）球体上色。选择"钢笔工具"，新建"若干图层"，将这些图层放在球体图层后，分别为其填充黄色（#fff79a）、绿色（#89c997）、紫色（#8c98cc），如图 5-39 所示。

图 5-39　球体上色

（5）保存图标文件。将图标文件保存为 PSD 格式，选择"文件"→"另存为"命令（或者用组合捷键"Ctrl + Shift +S"）进行保存。

5.2.4　视听类图标设计

视听新媒体以视听内容为核心，借助互联网等各种新的技术手段进行传播。视听新媒体是一个正在快速演进和成长的新的媒体形态。目前，视听新媒体发展得到了全社会的重视，并被纳入国家文化产业和信息产业发展战略，行业呈现出难以估量的发展空间。视听新媒体已正式进入主流媒体行列，视听类 App 也呈现出蓬勃发展的态势。

【例 5-4】视听类图标设计案例，图标如图 5-40 所示。

（1）新建文档。执行"文件→新建"命令（也可以按组合键"Ctrl + N"），新建一个空白文档，在弹出的"新建"对话框中设置页面大小，"宽度"为"1100 像素"，"高度"为"1100 像素"，"分辨率"为"72 像素 / 英寸"，"颜色模式"为"RGB 颜色（8 位）"，"背景内容"为"白色"，如图 5-41 所示。将背景填充为灰色（#484c4f），如图 5-42 所示。

图 5-40　视听类图标——耳机

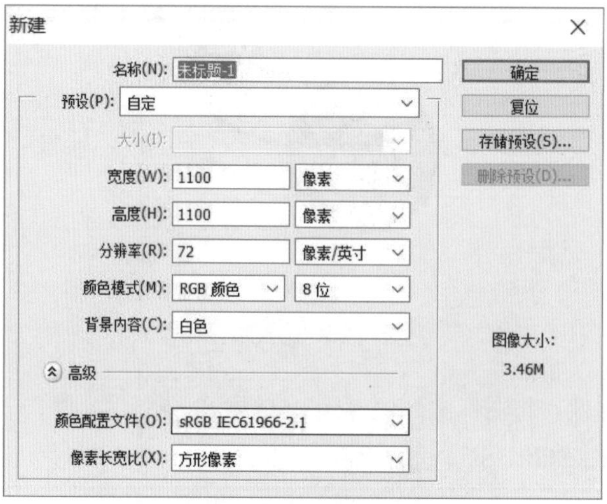

图 5-41　"新建"对话框

图 5-42　将背景填充为灰色

（2）绘制基本形。选择"圆角矩形工具"，如图5-43所示。在选项栏中设置半径为80像素，绘制一个长宽为1024像素的矩形，将填充色设为灰色（#b5b4b9）。将背景设置为"水平居中对齐"和"垂直居中对齐"，如图5-44所示。

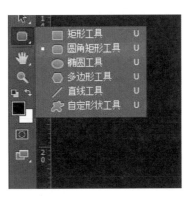

图 5-43　选择"圆角矩形工具"

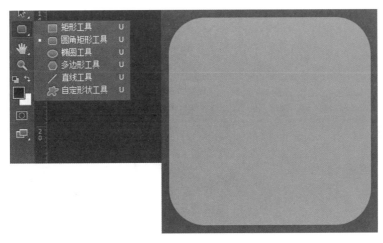

图 5-44　设置背景对齐方式

（3）添加斜面和浮雕。选择"斜面和浮雕"，在"结构"栏内设置"样式"为"内斜面"，"方法"为"雕刻清晰"，"深度"为"93%"，"方向"为"下"，"大小"为"57像素"，"软化"为"0像素"。在"阴影"栏内设置"角度"为"122度"，"高度"为"69度"，最后单击"确定"按钮，如图5-45所示。

（4）添加投影。选择"投影"，设置"混合模式"为"正片叠底"，"颜色"为黑色（#000000），"不透明度"为"75%"，"角度"为"122度"，"距离"为"14像素"，"扩展"为"49%"，"大小"为"38像素"，最后单击"确定"按钮。参数设置及圆角矩形效果如图5-46所示。

（5）绘制耳机外形。选择"钢笔工具"，在选项栏中选择"路径"选项，选择路径面板，将路径变为选区，新建"图层1"，为其填充灰色（#3c3c3e），取消选区，耳机外形如图5-47所示。

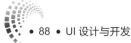

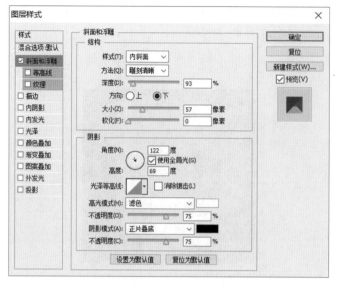

图 5-45　"图层样式－斜面和浮雕"对话框

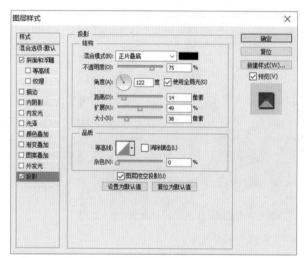

（a）参数设置　　　　　　　　　　　　　　　　（b）圆角矩形

图 5-46　"图层样式－投影"对话框及矩形效果

图 5-47　耳机外形

（6）精细绘制耳机。选择"画笔工具"，绘制耳机灰白黑效果。用画笔工具将前景色改为黑色（#000000），画出暗面，再用画笔工具将前景色改为白色（#ffffff），添加亮面。不断调整画笔大小和不透明度，逐渐修饰以达到效果，继续重复以上步骤，绘制出的耳机效果如图 5-48 所示。

图 5-48　精细绘制后的耳机

（7）绘制耳机正面圆形。选择"椭圆选框工具"工具，绘制一个 96 像素的正圆，如图 5-49 所示。再绘制一个 78 像素的圆（内圆），放在 96 像素正圆中心。

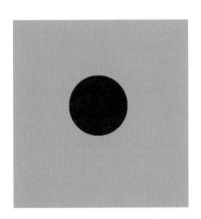

图 5-49　耳机正面圆形

（8）给内圆添加渐变叠加。选择"渐变叠加"项，设置"混合模式"为"正常"，"不透明度"为"54%"，添加"渐变颜色"，从左到右依次为（#333333）—（#666666）—（#ffffff），"样式"为"菱形"，"角度"为"73 度"，"缩放"为"102%"，如图 5-50 所示，最后单击"确定"按钮。

（9）给内圆添加图案叠加。选择"图案叠加"项，设置"混合模式"为"强光"，"不透明度"为"81%"，添加图案 ，"缩放"为"15%"，如图 5-51 所示，最后单击"确定"按钮。

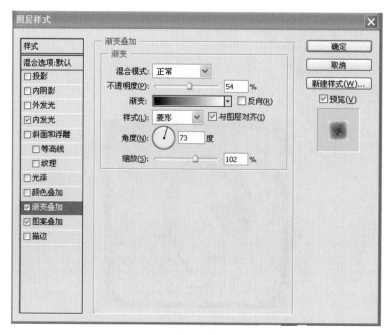

图 5-50　"图层样式 - 渐变叠加"对话框

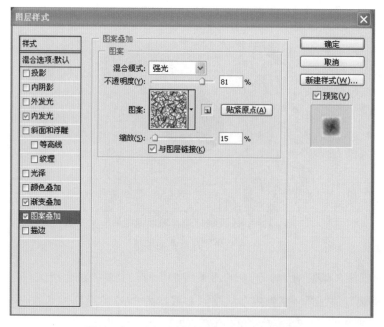

图 5-51　"图层样式 - 图案叠加"对话框

（10）给内圆添加内发光。选择"内发光"项，设置"混合模式"为"滤色"，"不透明度"为"75%"，"杂色"为"0"，"方法"为"柔和"，阻塞为"18%"，"大小"为"8 像素"，如图 5-52 所示，最后单击"确定"按钮。

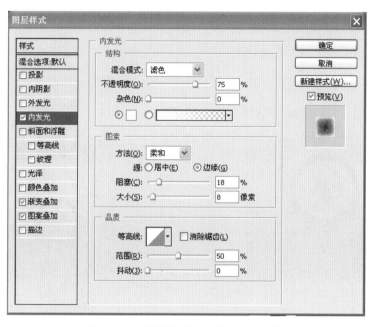

图 5-52　"图层样式-内发光"对话框

　　(11) 给内圆添加斜面和浮雕。选择"斜面和浮雕"项，设置"结构"的"样式"为"外斜面"，"方法"为"平滑"，"深度"为"100%"，"大小"为"27 像素"，"软化"为"4 像素"。阴影"角度"为"122 度"，"高度"为"69 度"，"光泽等高线"为"内凹-深"，如图 5-53 所示，最后单击"确定"按钮。给内圆添加斜面和浮雕后的耳机效果如图 5-54 所示。

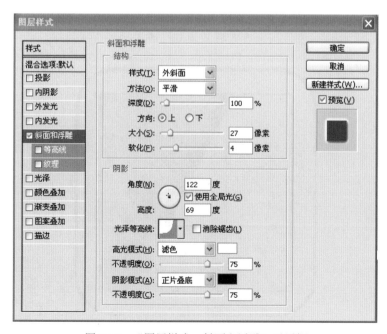

图 5-53　"图层样式-斜面和浮雕"对话框

（12）将正面圆形进行复制并添加到同一图层上。将"图层"进行复制，得到一个图层副本，如图 5-55 所示。

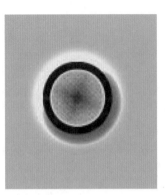

图 5-54　给内圆添加斜面和浮雕的耳机效果

图 5-55　"图层"复制

（13）保存文件。将耳机图标文件保存为 PSD 格式，选择"文件"→"另存为"命令，或者用组合键"Ctrl + Shift +S"进行保存。

5.2.5　时尚类图标设计

随着互联网、大数据、智能制造等新兴技术的蓬勃发展，人们对产品品质及其携带的文化内涵的追求日益提升。个性化、多元化、绿色化等新消费浪潮迅速兴起，这为我国时尚产业的发展提供了重要机缘。我国时尚产业发展既遵循全球时尚产业发展的模式，又体现出独具中国特色的创新发展特点。时尚类 App 也展示出新的特点。

【例 5-5】时尚类图标设计案例，图标效果如图 5-56 所示。

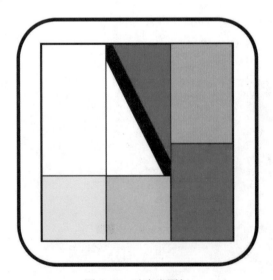

图 5-56　时尚类图标

（1）新建文档。执行"文件→新建"命令（也可以按组合键"Ctrl + N"），新建一个空白文档，在弹出的"新建"对话框中设置页面大小，"宽度"为"1100 像素"，"高度"为"1100 像素"，"分辨率"为"72 像素 / 英寸"，"颜色模式"为"RGB 颜色（8 位）"，"背景内容"为"白色"，如图 5-57 所示。

图 5-57　"新建"对话框

（2）绘制基本形。选择"圆角矩形工具"，如图 5-58 所示。在选项栏中设置半径为80 像素，绘制一个长宽为 1024 像素的矩形，填充色为白色，描边色为黑色，如图 5-59 所示。将背景设置为"水平居中对齐"和"垂直居中对齐"。

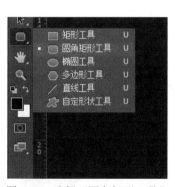

图 5-58　选择"圆角矩形工具"

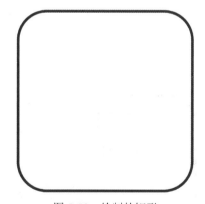

图 5-59　绘制的矩形

（3）绘制图形。选择"矩形工具"绘制一个矩形，将其放入圆角矩形中央。

（4）添加描边。执行"编辑→描边"命令，如图 5-60 所示。

（5）分隔图形。拉出若干参考线进行辅助绘制，如图 5-61 所示，将前景色设为蓝色（#00ccff）。选择"矩形工具"绘制矩形，重复以上步骤进行绘制，得到图 5-62。

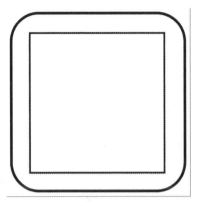

图 5-60　添加描边

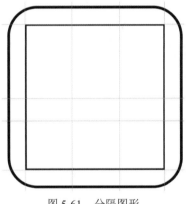

图 5-61　分隔图形

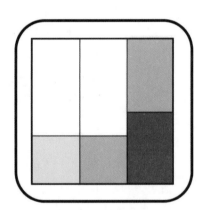

图 5-62　绘制矩形

（6）绘制特殊图形。选择"钢笔工具"，绘制三角形，新建图层，为其填充红色（#cc6666），如图 5-63 所示。再次选择"钢笔工具"，绘制图形，新建图层，为其填充黑色（#000000），如图 5-64 所示。

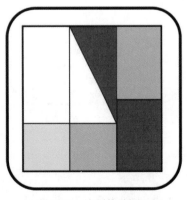

图 5-63　绘制特殊图形

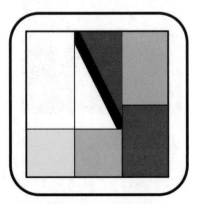

图 5-64　填充黑色

（7）保存图形。将图标文件保存为 PSD 格式，选择"文件"→"另存为"命令，或者用组合键"Ctrl + Shift +S"进行保存。

课后练习

1．学习本章内容后,请读者试着完成一个有创意的"体育行业"手机 App 图标设计,注意结合本章所讲的方法。

2．学习本章内容后,请读者试着完成一个有创意的"餐饮行业"手机 App 图标设计,注意结合本章所讲的方法。

3．学习本章内容后,请读者试着完成一个有创意的"视听行业"手机 App 图标设计,注意结合本章所讲的方法。

随手笔记

第6章
UI 按钮设计

本章导读

　　Button（按钮）控件继承自 TextView，在 Android 开发中，Button 是特别常用的基本控件，用起来也很简单。我们可以在界面 xml 描述文档中定义它，也可以在程序中创建后加入界面中，其效果都是一样的。

　　本章主要从 UI 角度来介绍 Android 界面设计中不可或缺的按钮控件。通过单击按钮，启动某项功能，或者实现页面间的跳转。我们将介绍几种风格的按钮，并将介绍如何利用 Photoshop 来制作基本按钮、下拉选择、滑动条和切换块。

本章要点

　　📍 Android 中几种基本按钮的风格和特点

　　📍 设计符合规范的按钮

　　📍 制作不同风格的按钮

6.1 基本按钮制作

　　按钮是用户执行某项操作时直接触碰的对象，通过按钮状态可以得到最直接的反馈信息。该信息可使用户明白自己做了什么。在按钮设计中通常需要处理四种不同的状态：默认状态、悬浮状态、按下状态和禁用状态。

1. FButton 按钮

　　FButton 是 Android 中很常见的扁平风格的按钮，很适合做扁平化、纯色的按钮，支持阴影。它继承自微软基础控件 Button。该按钮控件具有的属性有圆角、鼠标悬浮前景色背景色、是否开启动画（鼠标悬停时小图标转一圈，移开又转回去）、鼠标按下颜色等。

　　【例 6-1】FButton 按钮制作。

　　使用 Photoshop 制作如图 6-1 所示的按钮，步骤如下：

　　（1）新建大小为 1080 像素 ×1920 像素的画布，其背景色默认为白色，"分辨率"为"72 像素 / 英寸"，"颜色模式"为"RGB 颜色，8 位"，参数设置如图 6-2 所示。

　　（2）选择图形工具中的"圆角矩形工具"，在画布上绘制 300 像素 ×75 像素的青色按钮，可以通过"属性"对话框（图 6-3），调整其宽度和高度，以及左上角位置坐标 X、Y。填充色为青色（#23eec5），无描边，圆角分别为 10 个像素。这里面的数值调整，可以通过将鼠标移到数值框左边，当鼠标变形为 ◆▶ 时，左右拖动来改变数值，向左拖动数值减小，向右拖动数值增大。

图 6-1　FButton 按钮制作

图 6-2　新建画布

图 6-3　"属性"对话框

（3）双击该图层，出现"图层样式"对话框，如图 6-4 所示。设置"投影"样式，将"混合模式"选择为"正常"，颜色为深一点的青色（#10b7a1），"距离"为"9 像素"，"扩展"为"0%"，"大小"为"5 像素"，具体如图 6-4 所示。

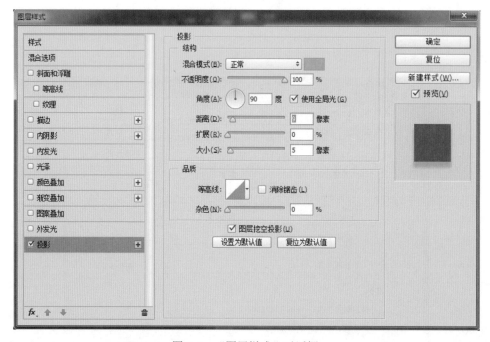

图 6-4　"图层样式"对话框

（4）选择工具栏中的横排文字工具"T"，给按钮添加纯白色文字"Login Button"。

在按住"Shift"键的同时选中文字图层和圆角矩形框，然后在移动选项属性栏中设置"水平居中对齐""垂直居中对齐"，如图 6-5 所示。

图 6-5　移动选项属性栏

（5）在"图层"窗口中，按住"Shift"键将文字、矩形两个图层选中，按组合键"Ctrl+G"进行组合，并将其命名为"Login Button"，如图 6-6 所示。

图 6-6　组合图层

（6）选中组"Login Button"，按组合键"Ctrl+J"三次，对该组复制三次，复制组的名字默认为"Login Button 复制""Login Button 复制 2""Login Button 复制 3"，分别将组重命名为"Success Button""Warning Button""Danger Button"。

（7）选择移动工具（或者直接按键盘上的 V 键），并且在移动工具属性栏中勾选"自动选择"复选框，选择为"组"，如图 6-7 所示。然后拖动刚才复制的组，移动到右边和下边，并进行居左和居右对齐，排列好四个按钮。

图 6-7　移动工具属性栏

（8）再在移动工具属性栏中，勾选"自动选择"复选框，选择为"图层"。单击 Success Button 底部矩形框，可以直接选中该层。在层窗口中直接双击 ![按钮], 在弹出的窗口中调整颜色为绿色（#1ee489）。双击图层下方的"投影"，在弹出的窗口中修改投影的颜色为深绿色（#11bc6d）。单击"确定"按钮，完成修改。

（9）重复步骤（8），将 Warning Button 按钮的填充色改为黄色（#fbe259），投影颜色改为橙色（#d3bd46）。将 Danger Button 按钮的填充色改为红色（#f51e37），投影颜色改为深红色（#c2162a）。

2. Bootstrap 按钮

Bootstrap 提供了各式各样漂亮的按钮，我们无需自己给按钮写样式，可以直接将它提供的样式应用在我们的按钮上，非常简单和方便。Bootstrap 按钮样式如图 6-8 所示。

图 6-8　Bootstrap 按钮样式

【例 6-2】Bootstrap 按钮制作。

（1）绘制 120 像素 ×75 像素的圆角矩形，填充色为无，描边为 2 点，颜色为灰色（#cccccc），圆角为 10 像素，并在图形上方中央添加文本为"默认"的文字图层。

（2）将文字图层和形状图层全部选中，进行"垂直居中对齐"和"水平居中对齐"后，按组合键"Ctrl+G"进行组合，重命名该组为"默认"。

（3）选中"默认"组，按住 Alt 键，向右拖动，会复制一个新的"默认复制"组，将该组重命名为"原始"。

（4）将"原始"组的圆角矩形填充色改为蓝色（#3276b1），文字改为"原始"，字体颜色改为纯白色（#ffffff）。

（5）重复步骤（3）、（4），设置"成功"按钮的矩形填充色为绿色（#5cb85c）；"信息"按钮的矩形填充色为淡蓝色（#5bc0de）；"警告"按钮的矩形填充色为橙色（#f0ad4e）；"危险"按钮的矩形填充色为红色（#d9534f）。

3. 带有进度条的按钮

适用于单击按钮后执行一个长时间操作，此时可直接在按钮上显示进度条。或者单击按钮后有个加载进度条的过程，最后显示成功，如图 6-9 所示。

图 6-9　带有进度条的按钮样式

【例 6-3】带有进度条的按钮的制作。

（1）绘制一个 450 像素 ×80 像素的圆角矩形，填充色为蓝色（＃ 2ba9e6），圆角为 16 像素，无描边。为该图层添加图层样式"内阴影"，设置"混合模式"为"正常"，颜色为深蓝色（＃ 026088），如图 6-10 所示。

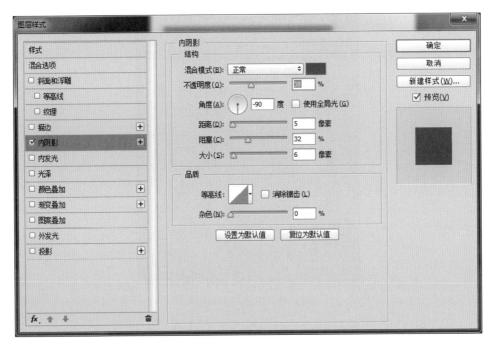

图 6-10 "内阴影"样式设置

（2）添加文字图层，文字为"Sign in"，30 像素，白色粗体，并将文字图层和步骤（1）中的圆角矩形图层一起选中并进行"垂直居中对齐"和"水平居中对齐"，然后组合，将该组重命名为"sign in"。

（3）将"sign in"组选中，按 Alt 键直接拖动进行复制，重命名为 loading，将该组文字改为 Loading，再利用圆角矩形工具，绘制一个 431 像素 ×8 像素的橙色进度条，填充色为橙色（＃ ffb82d），位于内阴影的位置。

（4）将"sign in"组选中，按 Alt 键直接拖动进行复制，重命名为 success，将该组文字改为 Success，即完成了该按钮的三个状态的设置。

（5）可以利用时间轴制作帧动画，让进度条动起来，效果更加逼真。

6.2 下拉选择

Android 的下拉选择框组件类似于 html 中的 select，单击下拉选择框右边的倒三角按钮，会出现下拉列表框及对应的级联选项，然后选中其中对应选项即可。

【例6-4】下拉选择按钮的制作。

（1）新建一个420像素×80像素的圆角矩形，填充色为深灰色（#373737），描边为1点，颜色为黑色（#000000），四个角的圆角弧度为10像素，如图6-11所示。

图6-11　圆角矩形的属性

（2）新建图层，然后将前景色换成白色，选择"画笔工具"，调整好参数，如图6-12所示。在矩形框正上方点一下，形成一个白色光晕。

图6-12　画笔的属性

在该图层与下面的矩形框图层交界处，按住Alt键，当鼠标变成如图6-13所示的形状时进行单击，创建剪切蒙版，或者直接选中该图层然后右击，在出现的快捷菜单中选择"创建剪切蒙版"命令，形成的效果如图 6-14 所示。如果觉得光效效果不满意，可以继续用上述方式添加效果，创建剪切蒙版。

图 6-13　创建剪切蒙版

图 6-14　创建剪切蒙版的效果

（3）添加文字"下拉选择框"，同时选择自定义形状，在选项栏"形状"中找到三角形，如图 6-15 所示，添加到画布的适当位置，并调整大小。

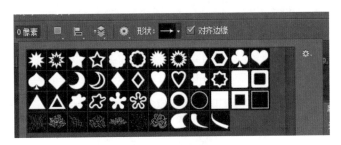

图 6-15　形状属性

由于想要的是倒三角形，这里需要进行变形处理。按住组合键"Ctrl+T，当三角形周边出现八个空心矩形时，右击选择快捷菜单中的"垂直翻转"即可，如图 6-16 所示。将图层全部选中，按组合键"Ctrl+G"进行编组，并命名为 option，得到的效果如图 6-17 所示。

（4）新建 420 像素 ×300 像素的圆角矩形框，填充色为灰色（#373737），取消上下圆角的锁，更改底部圆角半径为 10 像素，如图 6-18 所示。

新建文字图层 option1，选中同时按住 Alt 键，向下拖动复制两份，并分别修改文字为 option2、option3。选中三个文字图层，进行"水平居中对齐"和"垂直居中分布"，如图 6-19 所示。

（5）新建一个 420 像素 ×100 像素的矩形，填充色为浅灰色（#6b6b6b），带黑色描边，透明度为 60%，将 Option2 设置为选中状态，并将该矩形框向下移动图层顺序（按组合键 Ctrl+[)，直到位于 Option2 文字图层下方，如图 6-20 所示。

图 6-16 变换的快捷菜单

图 6-17 变换三角形后的效果

图 6-18 圆角矩形的属性

图 6-19　下拉选项的添加

图 6-20　调整图层顺序

6.3　滑动条

有很多 Android App 在进行加载或者更新的时候会出现一条进度栏，用于显示任务完成的进度，这就是进度条。与之类似的还有滑动条。滑动条有一个触控调整按钮，可手动调整进度条的长度。

【例 6-5】滑动条的制作。

（1）新建一个 800 像素 ×600 像素的画布，将前景色设置为深灰色（#3b3b3b），按住组合键 "Alt+Del"，将整个画布背景色更改。

（2）创建一个 600 像素 ×48 像素的圆角矩形，用灰色（#333333）描边。填充选择线性渐变，黑灰黑的渐变，如图 6-21 所示。

图 6-21　渐变编辑器

选中该图层，双击添加图层样式（或者单击图层窗口下方的 fx 来添加图层样式），添加一个外发光效果，如图 6-22 所示。至此便完成了滑动条的整体背景效果设置，效果如图 6-23 所示 。

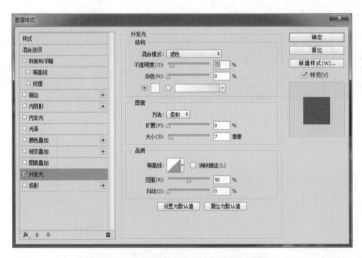

图 6-22　"外发光"图层样式设置

图 6-23　进度条底部初效

（3）选中该背景层，按住组合键"Ctrl+J"复制该背景层，将其命名为"滑动条"，右击，选择"清除图层样式"命令，将图层样式删掉。在属性窗口中，将图形描边去掉，长度设置为450px，高度为46px。渐变颜色设置为由蓝色（# 0c6ba7）向蓝白色（# 65d2fa）渐变，如图6-24所示。调整好后，将两个图层一起选中，设置"选项"中的"垂直居中对齐"即可。

图6-24　在"渐变编辑器"中设置参数

（4）使用组合键"Ctrl+R"将标尺显示出来，然后从标尺上方拉一条水平参考线，从左侧拉一条垂直参考线，用来确定滑块的圆心位置，如图6-25所示。

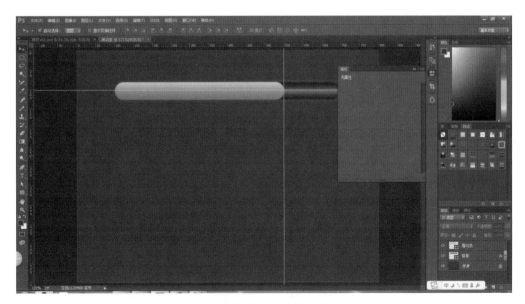

图6-25　辅助参考线设置

选择工具栏中的"椭圆工具",以参考线的交叉处为圆心,按住组合键"Alt+Shift",拖动鼠标左键绘制圆形滑块。宽度和高度都为 70px,颜色填充是深灰色向浅灰色渐变,不加描边。双击该图层,添加一个"外发光"的图层样式,如图 6-26 所示。

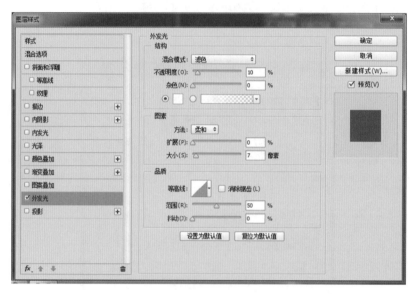

图 6-26　"外发光"样式设置

（5）依旧以参考线交点为圆心,再绘制一个小一点的同心圆,宽度和高度都为 52px,填充选择"径向渐变",白色向浅灰色的渐变。

如果希望效果更佳,可以在中心圆上面再加一点高光的效果。新建图层"高光",然后选择"画笔工具",设置大小为 26,画笔预设设置为"柔边圆压力大小",正常模式,不透明度为 75%,流量为 50%,如图 6-27 所示。沿着圆心,斜对角画一笔,如 6-28 所示。

图 6-27　画笔参数设置

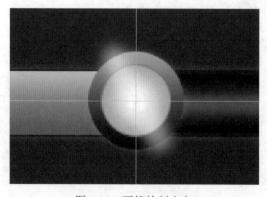

图 6-28　画笔绘制方向

然后调整图层，选中"高光"图层，右击选择"创建剪切蒙版"。将"高光""中心圆""外环"三个图层选中，按组合键"Ctrl+G"编组，改组名为"滑块"。至此，完成整个滑动条的设计，如图 6-29 所示。最终效果如图 6-30 所示。

图 6-29　滑动条图层

图 6-30　滑动条效果

6.4　切换块

Android 中的切换块是一个提供选择机制的按钮。它可以表达两种状态，比如，常见的表达 Wi-Fi 的打开或者关闭的类似于非门的状态机。

【例 6-6】切换块的制作。

（1）新建一个 800 像素 ×600 像素的画布，在画布中绘制圆角矩形，宽度为 300px，高度为 80px，填充色为浅灰色（#444444），描边选择黑灰色（#222222）向浅灰色（#6c6c6c）的线性渐变，并调整方向为 -90°。

选中该图层，在最下方添加图层样式"斜面和浮雕"，让整个按钮更具有立体感，样式设置如图 6-31 所示。

（2）在图层管理器中，选中刚刚绘制的圆角矩形并右击，选择"复制图层"，新的图层名后面默认加了"复制"二字。选中该复制的圆角矩形，调整参数，将宽度和高度调小，同时将填充色改为淡蓝色（#21b7fb），不透明度改为 50%（按下键盘上的数字键 5 即可快速将不透明度改为 50%），如图 6-32 所示。

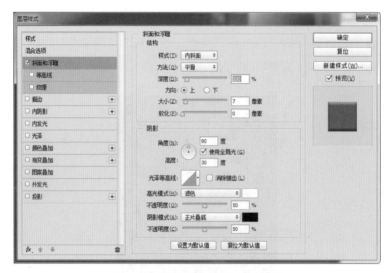

图 6-31 "斜面和浮雕"样式设置

图 6-32 图层透明度调整

（3）新建图层，绘制圆形滑块。按组合键"Ctrl+R"先将标尺显示出来，然后设置两条垂直参考线（从标尺的位置从上往下和从左往右拖拽），将圆心位置确定好（参考线交点即为圆心坐标位置）。选择"椭圆工具"，按住组合键"Shift+Alt"从圆心位置拖拽出半径为 60px 大小的圆形滑块，如图 6-33 所示。

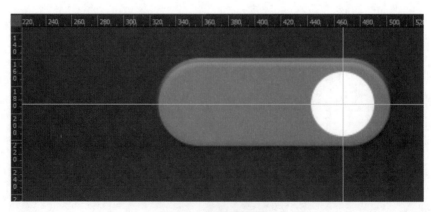

图 6-33 圆形滑块绘制

选中圆形滑块，添加图层样式。先加"投影"样式，样式设置如图 6-34 所示，选择一个淡灰色（#6e6e6e）的投影，"混合模式"为"正常"，"不透明度"为"100%"，"角度"为"90 度"，"距离"为"4 像素"，"大小"为"8 像素"。

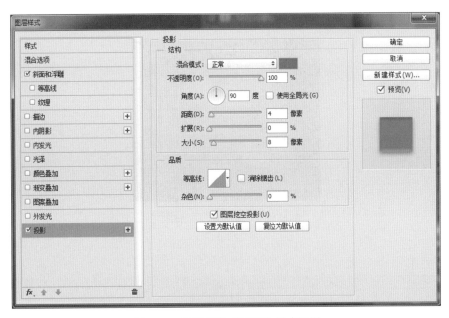

图 6-34　圆形按钮"投影"样式设置

再添加一个"斜面和浮雕"样式，选择"样式"为"内斜面"，"方法"为"平滑"，"深度"为"42%"，"方向"为"下"，"大小"为"7 像素"，样式设置如图 6-35 所示。

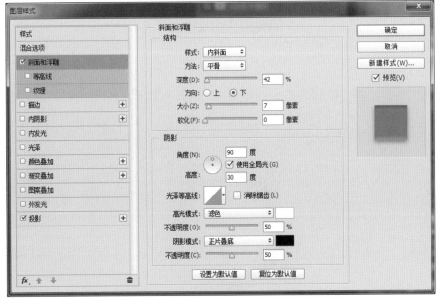

图 6-35　圆形按钮"斜面与浮雕"样式

（4）最后添加文字"开"，按组合键"Ctrl+G"将所有图层选中，重命名为"开状态"。

（5）然后将该组选中，按组合键"Ctrl+J"复制该组，并重命名为"关状态"。展开该组，将蓝色圆角矩形图层删掉。圆形滑块调整到左侧对齐，文字改为"关"，调整到右侧对齐，效果如图 6-36 所示。

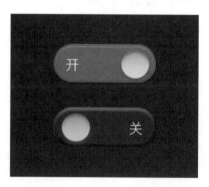

图 6-36 "切换块"按钮效果

课后练习

1. 利用圆角矩形和文字工具为某平台设计一个"开始答题"的按钮，同时为形状图层添加亮黄色的内阴影，使其更具有立体感，最终实现效果如图 6-37 所示。

图 6-37 "开始答题"按钮

2. 利用椭圆工具，绘制若干个同心圆，同时设置圆形的渐变填充、内阴影等效果，设置中心三角形为"斜面和浮雕"图层效果，完成如图 6-38 所示的播放按钮绘制。

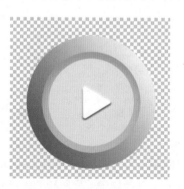

图 6-38 播放按钮

第 7 章
手机 App 的组件

本章导读

Android 应用程序由一些零散的有联系的组件组成，通过一个工程 mainfest 绑定在一起。mainfest 描述了每一个组件以及组件的作用。所以，熟练掌握组件的使用是合理、有效地进行手机程序开发的重要前提。本章将对 Android 应用程序开发中的常用组件进行详细讲解。

本章要点

- TextView 组件
- Button 组件
- EditText 组件
- ImageView 组件
- GridView 组件
- Gallery 组件

7.1 TextView 组件

在 Android 中，文本框用 TextView 表示。它用于在屏幕上显示文本。需要说明的是，Android 中的文本框组件可以显示单行文本，也可以显示多行文本，而且还可以显示带图像的文本。

在 Android 中，可以使用两种方法向屏幕中添加文本框：一种是通过在 XML 布局文件中使用 <TextView> 标记添加；另一种是在 Java 文件中，通过 new 关键字创建出来。推荐采用第一种方法，也就是通过 <TextView> 标识在 XML 布局文件中添加文本框。TextView 常见属性见表 7-1。

表 7-1　TextView 常见属性

XML 属性	描述
android:autoLink	用于指定是否将指定格式的文本转换为可单击的超级链接形式，其属性值有 none、web、email、phone、map、all
android:drawableBottom/android:drawableTop/ android:drawableLeft/ android:drawableRight	用于在文本框内文本的底端 / 顶端 / 左侧 / 右侧绘制指定图像，该图像可以是放在 res/drawable 目录下的图片，通过 "@drawable/ 文件名（不包括文件的扩展名）" 设置
android:gravity	用于设置文本框内文本的对齐方式，可选值有 top、bottom、left、right、center_vertical、fill_vertical、center_horizontal、fill_horizontal、center、fill、clip_vertical 和 clip_horizontal 等。这些属性值也可以同时指定，各属性值之间用竖线隔开。例如要指定组件靠右下角对齐，可以使用属性值 right|bottom

XML 属性	描述
android:hint	用于设置当文本框中文本内容为空时默认显示的提示文本
android:inputType	用于指定当前文本框显示内容的文本类型，其可选值有 textPassword、textEmailAddress、phone 和 date 等，可以同时指定多个，使用 "|" 进行分隔
android:singleLine	用于指定该文本框是否为单行模式，其属性值为 true 或 false，为 true 表示该文本框不会换行，当文本框中的文本超过一行时，其超出的部分将被省略，同时在结尾处添加 "…"
android:text	用于指定该文本中显示的文本内容，可以直接在该属性值中指定，也可以通过在 strings.xml 文件中定义文本常量的方式指定
android:textColor	用于设置文本框内文本的颜色，其属性值可以是 #rgb、#argb、#rrggbb 或 #aarrggbb 格式指定的颜色值
android:textSize	用于设置文本内文本的字体大小，其属性为代表大小的数值加上单位组成，其单位可以是 px、pt、sp 和 in 等
android:width	用于指定文本的宽度，以像素为单位
android:height	用于指定文本的高度，以像素为单位

【例 7-1】在 Eclipse 中创建 Android 项目，主要实现为文本中的 E-mail 地址添加超链接、显示带图像的文本、显示不同颜色的单行文本和多行文本，如图 7-1 所示。

图 7-1 TextView 文本显示效果

在 Drawable 中粘贴好 icon.png 图片后，在 activity_mail.xml 中写上如下代码：

```xml
<?xml version="1.0" encoding="utf-8"?>
<android.support.constraint.ConstraintLayout
    xmlns:android="http://schemas.android.com/apk/res/android"
    xmlns:tools="http://schemas.android.com/tools"
    xmlns:app="http://schemas.android.com/apk/res-auto"
    android:layout_width="match_parent"
    android:layout_height="match_parent"
    tools:context=".MainActivity">
    <LinearLayout
        android:layout_width="match_parent"
        android:layout_height="match_parent"
        android:orientation="vertical">
        <TextView
            android:id="@+id/tv1"
            android:layout_height="wrap_content"
            android:layout_width="fill_parent"
            android:textColor="#FF7F00"
            android:textSize="14sp"
            android:text=" 只有经历过地狱般的磨砺，才能练就创造天堂的力量；只有流过血的手指，
                          才能弹出世间的绝响。"
            android:singleLine="true"/>
        <TextView
            android:id="@+id/tv2"
            android:layout_height="wrap_content"
            android:layout_width="fill_parent"
            android:textColor="#8B4726"
            android:textSize="14sp"
            android:text=" 只有经历过地狱般的磨砺，才能练就创造天堂的力量；只有流过血的手指，
                          才能弹出世间的绝响。"/>
        <TextView
            android:layout_height="wrap_content"
            android:layout_width="wrap_content"
            android:text="ui@androidui.com"
            android:height="100px"
            android:autoLink="email"/>
        <TextView
            android:layout_height="wrap_content"
            android:layout_width="wrap_content"
            android:text=" 带图片的 TextView"
            android:drawableTop="@drawable/fu"/>
    </LinearLayout>
</android.support.constraint.ConstraintLayout>
```

7.2 Button 组件

Button 按钮就是我们前面多次用到的按钮控件，用来响应用户的鼠标单击操作并进行相应的处理。它可以显示文本也可以显示图片。在 Android 中，可以使用两种方法向屏幕中添加按钮，一种是在 XML 布局文件中使用 <Button> 标记添加，另一种是在 Java 文件中通过 new 关键字创建出来。

Button 是各种 UI 中最常用的控件之一，也是 Android 开发中最受欢迎的控件之一。用户可以通过触摸它来触发一系列事件，一个没有单击事件的 Button 是没有任何意义的，因为使用者的固定思维是见到它就想去点。

在屏幕上添加按钮后，还需要为按钮添加单击事件监听，才能让按钮发挥其特有的用途。在 Android 中，提供了两种为按钮添加单击事件监听的方法，一种是在 Java 代码中完成，例如在 Activity 的 onCreate() 方法中完成。另一种是在 XML 文件中定义 Onclick 属性，然后在 Java 文件中实现对应的方法。

【例 7-2】在 Eclipse 中创建 Android 项目，实现将图片作为按钮的背景，并让按钮背景随按下状态动态改变，如图 7-2 所示。

在 Drawable 中粘贴相应图片，并在其中创建好 item.xml 文件，写入如下代码：

```xml
<?xml version="1.0" encoding="utf-8"?>
<selector xmlns:android="http://schemas.android.com/apk/res/android" >
  <item android:drawable="@drawable/brown" android:state_pressed="true"/>
  <item android:drawable="@drawable/orange" android:state_pressed="false"/>
</selector>
```

在 activity_main.xml 文件中写入如下代码：

```xml
<?xml version="1.0" encoding="utf-8"?>
<android.support.constraint.ConstraintLayout xmlns:android="http://schemas.android.com/apk/res/android"
    xmlns:app="http://schemas.android.com/apk/res-auto"
    xmlns:tools="http://schemas.android.com/tools"
    android:layout_width="match_parent"
    android:layout_height="match_parent"
    tools:context=".MainActivity">
    <LinearLayout
        android:layout_width="match_parent"
        android:layout_height="match_parent"
        android:orientation="vertical">
        <Button
            android:id="@+id/button1"
            android:layout_height="wrap_content"
            android:layout_width="match_parent"
            android:text=" 我是一张橘色图片背景的按钮 "
```

```
            android:layout_margin="5px"
            android:background="@drawable/orange"/>
        <Button
            android:id="@+id/button2"
            android:layout_height="100px"
            android:layout_width="450px"
            android:text=" 我是一张宽度和高度固定的按钮 "
            android:layout_margin="5px"
            android:background="@drawable/orange"/>
        <Button
            android:id="@+id/button3"
            android:layout_height="wrap_content"
            android:layout_width="match_parent"
            android:text=" 单击时我会变色 "
            android:layout_margin="5px"
            android:background="@drawable/button_state"/>
        <Button
            android:layout_width="match_parent"
            android:layout_height="wrap_content"
            android:background="@drawable/brown"
            android:text=" 我会显示通知栏 "
            android:id="@+id/button4"
            android:layout_margin="5px"/>
    </LinearLayout>
</android.support.constraint.ConstraintLayout>
```

在 MainActivity.java 中写入如下代码：

```
import android.support.v7.app.AppCompatActivity;
import android.os.Bundle;
import android.view.View;
import android.widget.Button;
import android.widget.Toast;

public class MainActivity extends AppCompatActivity {
    private Button button4;
    @Override
    protected void onCreate(Bundle savedInstanceState) {
        super.onCreate(savedInstanceState);
        setContentView(R.layout.activity_main);
        button4=(Button)findViewById(R.id.button4);
// 设置监听器
        button4.setOnClickListener(new View.OnClickListener() {
            @Override
            public void onClick(View v) {
                Toast.makeText(MainActivity.this,"Hello,World",Toast.LENGTH_SHORT).show();
            }
        });
    }
}
```

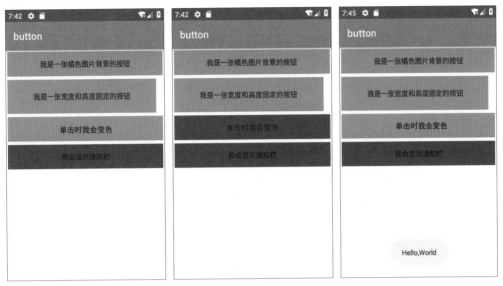

图 7-2　单击时按钮的变化

7.3　EditText 组件

EditText 是一个非常重要的组件，它是用户和 Android 应用进行数据传输的窗户。有了它就等于有了一扇和 Android 应用交互的门,通过它用户可以把数据传给 Android 应用,也可以得到我们想要的数据。

EditText 是 TextView 的子类，所以 TextView 的方法和特性同样存在于 EditText 中。

【例 7-3】在 Eclipse 中创建 Android 项目，设置 EditText 的各种特性。项目运行的界面如图 7-3 所示。

在 activity_main.xml 文件中写入如下代码：

```
<?xml version="1.0" encoding="utf-8"?>
<android.support.constraint.ConstraintLayout    xmlns:android="http://schemas.android.com/apk/res/android"
    xmlns:app="http://schemas.android.com/apk/res-auto"
    xmlns:tools="http://schemas.android.com/tools"
    android:layout_width="match_parent"
    android:layout_height="match_parent"
    tools:context=".MainActivity">

    <LinearLayout
        android:layout_width="match_parent"
        android:layout_height="match_parent"
        android:orientation="vertical">
        <!-- 在 EditText 中显示提示信息，设置输入最大长度为 40 字符，颜色为橙色 -->
```

```xml
        <TextView
            android:layout_width="match_parent"
            android:layout_height="wrap_content"
            android:text=" 用户名 "/>
        <EditText
            android:layout_width="match_parent"
            android:layout_height="wrap_content"
            android:maxLength="40"
            android:hint=" 请输入您的用户名 ..."
            android:textColorHint="#B8860B"/>
        <!-- 设置 EditText 高度为 50px，以便输入更多字符 -->
        <TextView
            android:layout_width="match_parent"
            android:layout_height="wrap_content"
            android:text=" 备注信息 "/>
        <EditText
            android:layout_width="match_parent"
            android:layout_height="200px" />
        <!-- 在 EditText 中输入的内容显示为点 -->
        <TextView
            android:layout_width="match_parent"
            android:layout_height="wrap_content"
            android:text=" 密码 "/>
        <EditText
            android:layout_width="match_parent"
            android:layout_height="wrap_content"
            android:password="true"
            android:text=" 请输入密码 ..."/>
        <!-- 在 EditText 中只能输入电话号码 -->
        <TextView
            android:layout_width="match_parent"
            android:layout_height="wrap_content"
            android:text=" 手机号码 "/>
        <EditText
            android:layout_width="match_parent"
            android:layout_height="wrap_content"
            android:phoneNumber="true"/>
    </LinearLayout>
</android.support.constraint.ConstraintLayout>
```

图 7-3　EditText 显示效果

7.4　ImageView 组件

ImageView 也就是图像视图，用于在屏幕中显示任何的 Drawable 对象，通常用来显示图片。在 Android 中，可以使用两种方法向屏幕中添加图像视图：一种是在 XML 布局文件中使用 <ImageView> 标记添加；另一种是在 Java 文件中通过 new 关键字创建。推荐采用第一种方法。

在使用 ImageView 组件显示图像时，通常可以将要显示的图片放置在 res/drawable 目录中，然后通过代码将其显示在布局管理器中。ImageView 常见属性见表 7-2。

表 7-2　ImageView 常见属性

XML 属性	描述
android:adjustViewBounds	用于设置 ImageView 是否调整自己的边界来保持所显示图片的长宽比
android:maxHeight	设置 ImageView 的最大高度。需要设置 android:adjustViewBounds 属性值为 true，否则不起作用
android:maxWidth	设置 ImageView 的最大宽度。需要设置 android:adjustViewBounds 属性值为 true，否则不起作用

【例 7-4】在 Eclipse 中创建 Android 项目来显示一张图片，效果如图 7-4 所示。
在 activity_main.xml 文件中写入如下代码：

```xml
<?xml version="1.0" encoding="utf-8"?>
<android.support.constraint.ConstraintLayout xmlns:android="http://schemas.android.com/apk/res/android"
  xmlns:app="http://schemas.android.com/apk/res-auto"
  xmlns:tools="http://schemas.android.com/tools"
  android:layout_width="match_parent"
  android:layout_height="match_parent"
  tools:context=".MainActivity">

  <ImageView
    android:layout_width="wrap_content"
    android:layout_height="wrap_content"
    android:layout_margin="5px"
    android:src="@drawable/space"
    android:adjustViewBounds="true"
    android:scaleType="fitEnd"/>

</android.support.constraint.ConstraintLayout>
```

图 7-4　ImageView 显示效果

7.5 GridView 组件

GridView 是 Android 的一个列表容器，它的布局是一个网格，一行可以有多个项，并且整个视图可以滚动。我们常见的应用有手机中的图库、launcher 里面的应用列表、微信内的多张图片等。GridView 主要应用于多行多列的网状布局。GridView 常见属性见表 7-3。

表 7-3　GridView 常见属性

XML 属性	描述
android:columnWidth	用于设置列的宽度
android:gravity	用于设置对齐方式
android:horizontalSpacing	用于设置各元素之间的水平间距
android:numColumns	用于设置列数，其属性值通常为大于 1 的值
android:stretchMode	用于设置拉伸模式，其中属性值可以是 none（不拉伸）、spacingWidth（仅拉伸元素之间的间距）、columnWidth（仅拉伸表格元素本身）或 spacingWidthUniform（表格元素本身、元素之间的间距一起拉伸）
android:verticalSpacing	用于设置各元素之间的垂直间距

【例 7-5】在 Eclipse 中创建 Android 项目，通过网格视图显示图片，效果如图 7-5 所示。在 activity_main.xml 文件中写入如下代码：

```
<?xml version="1.0" encoding="utf-8"?>
<android.support.constraint.ConstraintLayout xmlns:android="http://schemas.android.com/apk/res/android"
  xmlns:app="http://schemas.android.com/apk/res-auto"
  xmlns:tools="http://schemas.android.com/tools"
  android:layout_width="match_parent"
  android:layout_height="match_parent"
  tools:context=".MainActivity">

  <LinearLayout
    android:layout_width="match_parent"
    android:layout_height="match_parent"
    android:orientation="vertical">
    <GridView
      android:id="@+id/gridView1"
      android:layout_height="wrap_content"
      android:layout_width="match_parent"
      android:numColumns="1"
      android:stretchMode="columnWidth"/>
  </LinearLayout>
```

```
</android.support.constraint.ConstraintLayout>
```

在 item.xml 文件中写入如下代码：

```xml
<?xml version="1.0" encoding="utf-8"?>
<android.support.constraint.ConstraintLayout
    xmlns:android="http://schemas.android.com/apk/res/android"
    android:layout_width="match_parent"
    android:layout_height="match_parent">
    <LinearLayout
        android:layout_height="match_parent"
        android:layout_width="match_parent"
        android:orientation="vertical"
        xmlns:android="http://schemas.android.com/apk/res/android">
        <ImageView
            android:id="@+id/image"
            android:layout_height="wrap_content"
            android:layout_width="wrap_content"
            android:scaleType="fitCenter"/>
        <TextView
            android:id="@+id/title"
            android:layout_height="wrap_content"
            android:layout_width="wrap_content"
            android:layout_gravity="center"/>
    </LinearLayout>
</android.support.constraint.ConstraintLayout>
```

在 MainActivity.java 中写入如下代码：

```java
public class MainActivity extends AppCompatActivity {
    private int[] imageId = new int[] { R.drawable.img01,R.drawable.img02,
                    R.drawable.img03,R.drawable.img04}; // 定义并初始化保存图片 id 的数组
    private String[] title = new String[] { " 雪中小屋 "," 石中之剑 ",
                    " 秋日暖阳 "," 微微一笑 "};   // 定义并初始化保存说明文字的数组

    @Override
    protected void onCreate(Bundle savedInstanceState) {
        super.onCreate(savedInstanceState);
        setContentView(R.layout.activity_main);
        GridView gridView=(GridView)findViewById(R.id.gridView1);
        List<Map<String, Object>> listItems = new ArrayList<Map<String, Object>>();   // 创建一个 list 集合
        // 通过 for 循环将图片 id 和列表项文字放到 Map 中，并添加到 list 集合中
        for (int i = 0; i < imageId.length; i++) {
            Map<String, Object> map = new HashMap<String, Object>();
            map.put("image", imageId[i]);
            map.put("title", title[i]);
            listItems.add(map); // 将 map 对象添加到 List 集合中
        }
```

```
SimpleAdapter adapter = new SimpleAdapter(this,
    listItems,
    R.layout.item,
    new String[] { "title", "image" },
    new int[] {R.id.title, R.id.image }
); // 创建 SimpleAdapter
gridView.setAdapter(adapter);
    }
}
```

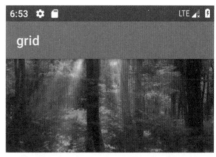

秋日暖阳

雪中小屋

石中之剑

微微一笑

图 7-5　使用 GridView 显示图片效果

课后练习

1. 简述文本框支持的常用 XML 属性。
2. Android 常用的文本输入组件是哪个？有些什么属性值？

随手笔记

第8章
手机主题设计

本章导读

手机主题设计的核心是界面风格。随着手机 UI 技术的不断发展和进步，越来越多的用户根据自己的审美风格选择适合自己的手机主题。各大手机厂商也推出了适合自己的手机主题，当然不同品牌的手机主题是不可以通用的。用户可以去应用市场下载自己喜欢的手机主题，完成手机待机图片、屏幕保护、背景、铃声等设置，从而满足自己的审美需求。

本章主要介绍 Android 界面设计中的主题形象、手机壁纸、登录界面和锁屏界面的设计。我们可以从流行的元素，影视作品或者大家对生活的积累去寻找灵感，进行主题思维拓展。

本章要点

- 手机主题设计风格
- 主题形象和壁纸设计
- 锁屏界面设计技巧

8.1　制作主题形象

手机主题有很多风格，主流的风格有拟物化、扁平化、MBE、中国风、混搭等。目前手机 App 上扁平化风格非常受欢迎，它主要是去掉冗余装饰，让"信息"本身凸显出来，强调抽象、极简和符号化。

可爱的猫咪应该是很多人喜欢的萌宠形象，卖萌的小家伙，超级可爱。会说话的 TOM 猫就是一款很火、很好玩的 App，受到很多人的喜欢。我们来设计一个可爱的而又被人熟悉的猫咪卡通形象作为手机主题形象，效果如图 8-1 所示。

【例 8-1】猫咪主题形象的制作。

（1）新建一个 1080 像素 ×1920 像素的画布，名称为"猫咪"。利用"椭圆工具"绘制一个椭圆，填充颜色为灰色（# 5f686f），带黑色描边。然后利用"直接选择工具"（图 8-2）。调整椭圆左右两边的锚点，使其成猫头的形状，如图 8-3 所示。

（2）利用"钢笔工具"绘制一个猫耳朵的三角形，填充色和描边跟绘制猫头一样。在猫耳朵的内部再绘制一个纯黑色的三角形，两个组合（按组合键"Ctrl+G"）成为左边的猫耳朵，如图 8-4 所示。

图 8-1　"猫咪"主题形象

图 8-2　直接选择工具

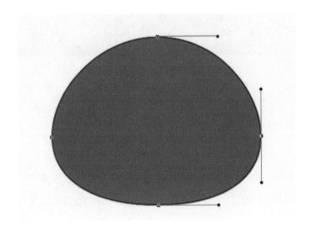

图 8-3　用"钢笔工具"勾勒猫头

图 8-4　左猫耳朵

（3）选中这个组合，按组合键"Ctrl+J"复制一个"右猫耳朵"（但是方向不对）。将该组选中，按组合键"Ctrl+T"，进行方向变换，图形周围会出现一个空心矩形选中状态，右击，在出现的快捷菜单中选择"水平翻转"命令，如图 8-5 所示，然后按 Enter 键确认。调整好两边耳朵的位置，再利用组合键"Ctrl+["（或者"Ctrl+]"）来调整图层顺序，放到猫头图层的下方。

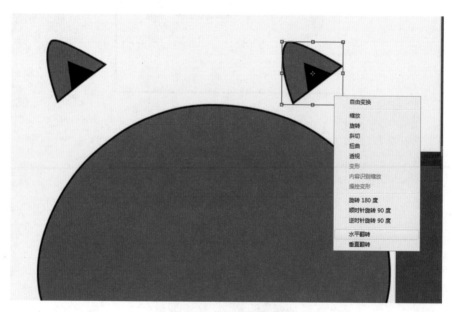

图 8-5　右猫耳朵变换

（4）利用"钢笔工具"绘制猫前面的刘海。填充色选择浅灰色（#7c7774），无描边。在用"钢笔工具"绘制第二个点的时候，不要松鼠标，直接拖动调整弧度，然后放开，再选择第三个点进行绘制，最后和第一个点闭合，如图 8-6 所示。

（5）将绘制好的"刘海 1"复制两份（按组合键"Ctrl+J"），分别为"刘海 2"和"刘海 3"，用鼠标选中直接拖动调整好位置。将"刘海 2"选中，按组合键"Ctrl+T"进行缩放调整，如图 8-7 所示。

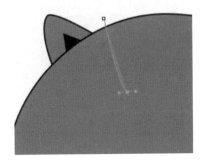

图 8-6　绘制猫刘海

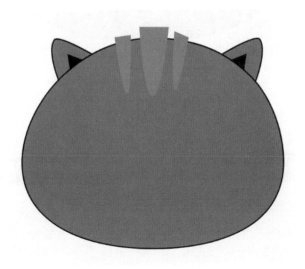

图 8-7　猫的三个刘海

（6）分别选中"刘海 1""刘海 2""刘海 3"，右击，创建剪切蒙版（或者按住 Alt 键选择"创建"命令），如图 8-8 所示，形成如图 8-9 所示的猫头的整体形象效果。

图 8-8　创建剪切蒙版

图 8-9　猫头的整体形象

（7）利用"钢笔工具"绘制猫咪的眼睛、胡须、嘴巴和鼻子，"钢笔工具"的属性设置如图 8-10 所示。

图 8-10　"钢笔工具"的属性设置

添加三个带弧度的锚点来绘制猫的眼睛，添加锚点时调整好弧度后再松开鼠标，如图 8-11 所示。

图 8-11　猫的眼睛

添加两个锚点来绘制猫右侧的白色胡须，点下第二个锚点时不要松开鼠标，调整好弧度后再松开，如图 8-12 所示。

图 8-12　猫的胡须

接着将该图层复制两次，调整好位置，利用"直接选择工具"调整下面两个胡须的形状，如图 8-13 所示。

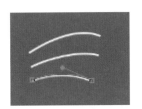

图 8-13　猫的右侧胡须

（8）将三个胡须进行组合（按组合键"Ctrl+G"），将其命名为"右胡须"。将该组合复制（按组合键"Ctrl+J"），命名为"左胡须"。选中"左胡须"组，按组合键"Ctrl+T"进行变形，右击，出现快捷菜单，选择"水平翻转"命令，如图 8-14 所示，然后移动胡须到左边合适位置。

图 8-14　猫的左侧胡须

（9）为了绘制猫嘴部线条弧度,将线条选中,调整描边为"外部对齐""圆形端点""圆形角点"，设置如图 8-15 所示。

（10）猫的鼻子是倒立三角形，我们可以选择"自定义形状工具"，在"形状"选项中找到一个类似的倒三角图形（也可以用"钢笔工具"来绘制一个三角形）。如果显示不出图形，单击右侧的"设置"按钮，找到"符号"选项，加载图形进来，或者选择"全部"选项，加载所有的图形进来，如图 8-16 所示。

图 8-15　猫嘴的绘制

图 8-16　猫的倒三角鼻子

（11）添加两个粉色（#ef9999）填充、无描边的圆形作为猫咪的两边脸颊，调整好位置，完成猫咪脸部绘制，如图 8-17 所示。将所有图层选中，按组合键"Ctrl+G"进行编组，命名为"头部"。

图 8-17　猫头造型

（12）将"头部"组选中，接着选择"编辑"→"自由变化"（或者直接按组合键"Ctrl+T"），这时会出现一个矩形调节框和八个节点，可根据需要使用这些节点：调整图片的大小，也可以对图片进行旋转和一定程度的变形。

此外，在自由变换状态下，结合以下功能键一起使用，会产生很多不同的变换效果，如：

1）按住 Shift 键拖动可以等比例缩放；

2）按住组合键"Alt+Shift"可以以旋转点为中心等比例缩放图形；

3）按住 Alt 键可以对图形进行自由缩放；

4）按住 Ctrl 键可以对图形进行自由扭曲缩放；

5）按住组合键"Alt+Ctrl"，则图形会以对角点为中心进行自由变换；

6）按住组合键"Ctrl+Shift"，则图形会按照水平或垂直方向进行扭曲变形；

7）按住组合键"Shift+Alt+Ctrl"可以进行透视变换；

8）按住组合键"Shift+Alt+Ctrl+T"重复上次的变换操作。

（13）猫咪身体部分的绘制。由于身体部分基本都是不规则的，因此优先选择"钢笔工具"来绘制。新建图层"身体"，选择"钢笔工具"，设置填充色和猫头的填充颜色（灰色，#5f686f）一致，描边为黑色（#000000），开始绘制猫的身体部分。"钢笔工具"在绘制锚点的时候，如果该点需要调整弧度，按下鼠标之后不要松手，向上拖动出一条方向线后，调整好弧度后，松开鼠标，接着绘制第二个点，依此类推，如图 8-18 所示。

按住 Shift 键，可以绘制与上一个点保持 45°的倍数的夹角（0°或者 90°），用这种方式可以绘制水平或者垂直线段的点。

图 8-18　猫的身体

（14）绘制好猫的整体造型后，如果没有达到理想状态，可利用"直接选择工具"依次去选中，然后调整需要修改的锚点，以及拖动其对应的方向线来调整弧度。

接着，利用钢笔工具绘制一些线条来勾勒猫腿和脚部，如图 8-19 所示。

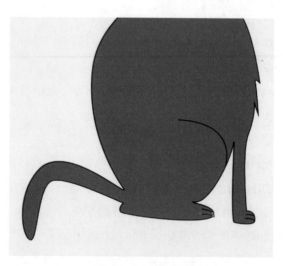

图 8-19　勾勒线条

（15）将所有的线条和身体部分进行编组（按组合键"Ctrl+G"），将其命名为"身体"，然后和猫头部分调整一下编组顺序，身体位于猫头部分下面。选中"身体"组，按组合键"Ctrl+["，向下移动一层，图层关系设置如图 8-20 所示。调整后得到猫咪整体造型如图 8-1 所示。

图 8-20　图层关系

8.2　制作手机壁纸

　　现在市面上的手机壁纸多不胜数，我们可以根据自己的主题形象来设计一款独属于自己的手机壁纸。我们可以绘制一个猫咪脚印，然后让脚印铺满整个屏幕，像一只淘气小猫留下的一串脚印。

　　【例 8-2】带有猫爪的手机壁纸的制作。

　　（1）新建画布，大小为 1080 像素 ×1920 像素，将其命名为"壁纸"，将前景色设置为橙色（#fea211），背景色设置为淡黄色（#ffd659）。

　　（2）选择菜单栏中"滤镜"→"渲染"→"云彩"命令，将背景变成如图 8-21 所示的渐变色。

图 8-21　背景运用"云彩"后的效果

（3）选择"滤镜"→"杂色"→"添加杂色"命令，设置"数量"为"10%"，选择"高斯分布"单选按钮，勾选"单色"复选框，如图 8-22 所示。

图 8-22　添加杂色设置

（4）在右侧窗口选择"通道"选项（或选择菜单中的"窗口"→"通道"命令），单击右下角"创建新通道"按钮，如图 8-23 所示。然后在通道页面绘制猫爪形状的选区。

图 8-23　创建新通道

（5）猫爪的形状有点儿像多个圆或椭圆组合而成的，因此可以借助"椭圆选框工具"来绘制，如图 8-24 所示。

按住 Shift 键绘制一个圆形选区，此时注意将选区的属性选择为"添加到选区"，才能接着选择下个圆形选区，如图 8-25 所示，直到选区为猫爪的形状，如图 8-26 所示。

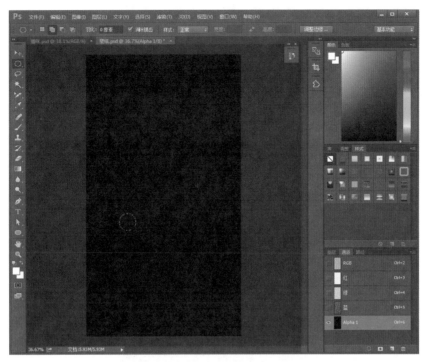

图 8-24　绘制猫爪选区

图 8-25　选区属性设置

图 8-26　圆形选区堆叠成的猫爪

（6）将前景色设置为纯白色（#ffffff），接着按组合键"Alt+Delete"进行前景色填充，如图 8-27 所示。

图 8-27　填充白色的猫爪

（7）打开"图层"窗口，选择背景图层，载入刚刚创建的通道。选择"选择"→"载入选区"命令，如图 8-28 所示。

图 8-28　载入选区

（8）在保证选区还在的同时，按组合键"Ctrl+C"进行复制，接着按组合键"Ctrl+V"进行粘贴，这样会新建一个脚印图层，如图 8-29 所示。

图 8-29　复制得到一个猫爪形状图层

（9）双击该图层，在弹出的"图层样式"对话框中设置"内阴影"样式。设置"混合模式"为"正常"，颜色为默认的黑色，"不透明度"为"50%"，"角度"为"90度"，"距离"为"22像素"，"阻塞"为"6%"，"大小"为"26像素"，如图 8-30 所示。

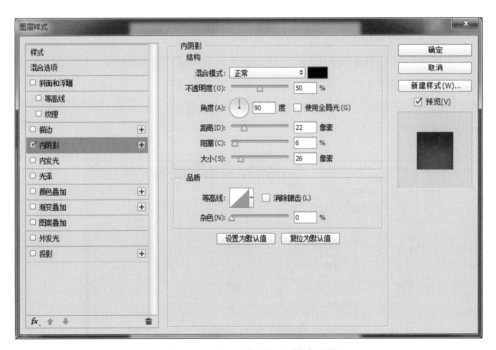

图 8-30　猫爪"内阴影"样式设置

（10）调整好"脚印"图层的位置，选中后用鼠标进行移动。接着按住 Alt 键，拖动鼠标向下，会自动复制一个一样的猫爪图层，重复若干次相同操作，在背景上绘制若干个脚印，形成类似于猫咪走过留下的一串有趣的脚印，作为手机背景图，如图 8-31 所示。

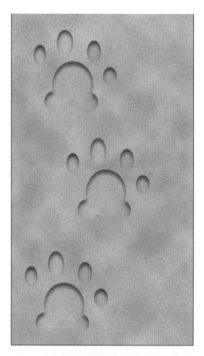

图 8-31　猫爪内阴影样式设置结果

为了满足手机主题风格锁屏的需要，我们设计另外一款和猫咪有关的手机壁纸。

【例 8-3】利用图案填充设计另一款带有猫爪的手机壁纸。

（1）新建画布，大小为 1080 像素 ×1920 像素，命名为"锁屏壁纸"，将前景色设置为淡黄色（#fff2b6），并将整个画布填充为当前前景色（按组合键 Alt+Delete）。

（2）再新建一个新画布，尺寸为 360 像素 ×360 像素，命名为"图案"，"背景内容"要设置为"透明"，如图 8-32 所示。

图 8-32　新建图案画布

（3）利用"椭圆工具"，在画布中绘制出两个猫脚印的造型，放置在矩形工作区的对角线位置，填充色为淡灰色（＃f3eed7），结果如图 8-33 所示。

图 8-33　猫爪图案绘制

（4）完成猫爪图案的绘制后，选择"编辑"→"定义图案"命令，在弹出的对话框中设置新建图案的名称，默认名称是"图案"，可以改名为"脚印"，单击"确定"按钮，如图 8-34 所示。

图 8-34　创建图案

（5）完成图案定义后，回到"锁屏壁纸"工作区，选择"编辑"→"填充"命令，在弹出的对话框中，选择"内容"选项为"图案"，在自定图案中，选择刚刚绘制的"脚印"图案，如图 8-35 所示。单击"确定"按钮进行填充，得到一个猫咪脚印铺满画布的壁纸，如图 8-36 所示。

图 8-35　填充脚印图案

图 8-36　铺满脚印的壁纸

8.3　制作登录界面

　　App 的登录界面是非常重要的，它是用于用户登录及彰显产品 logo（品牌）的，不宜太花哨。现在很多 App 是采用第三方授权登录的方式，这样减少了用户创建一个新账户的复杂填写过程，用户可以很轻松地直接登录。下面我们利用前面设计的背景素材来制作一个简单的登录界面。

　　【例 8-4】登录界面的制作。

　　（1）新建画布，大小为 1080 像素 ×1920 像素，命名为"登录界面"。将上一节中绘制好的壁纸图片，直接导入到画布中利用。选择菜单栏"打开"命令，找到导出为 PNG

的壁纸图片。

（2）利用"圆角矩形工具"，绘制一个宽为 800 像素、高为 600 像素、圆角半径为 40 像素、填充色为纯白色（#ffffff）、无描边的圆角矩形，将图层命名为"外框"，并且设置居中，将其不透明度设置为 30%（按键盘上面数字区域的 3，即可直接改不透明度为 30%），如图 8-37 所示。

图 8-37　外框不透明度为 30%

（3）选中"外框"图层，按组合键"Ctrl+J"快速复制图层，将其更名为"内框"。紧接着按组合键"Ctrl+T"进行自由变换，图形周围出现八个空心矩形，此时按住"Shift+Alt"围绕中心轴进行等比缩放。使内框的宽度和高度比外框稍缩小一点儿，同时将不透明度改为 100%，如图 8-38 所示。

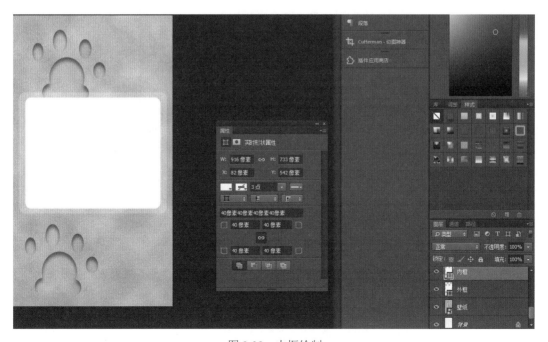

图 8-38　内框绘制

（4）利用"圆角矩形工具"绘制一个无填充色、带有灰色（#bfbfbf）描边的、大小为 720 像素 ×80 像素、圆角半径为 8 像素的圆角矩形，并居中对齐，再利用"横排文字工具（T）"添加"userName:"文字，圆角矩形框垂直居中，靠左对齐。将文字和圆角矩形进行组合（按组合键"Ctrl+G"），命名为"用户名"。并将该组复制，修改组名为"密码"，文本为"passWord:"，并调整好位置，如图 8-39 所示。

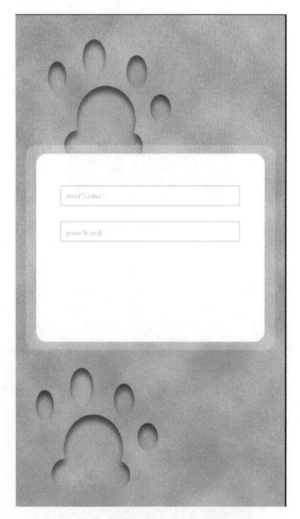

图 8-39　用户名密码框

（5）绘制圆角矩形，填充色为橙色（#ffd659），无描边，宽度和高度均为 700 像素 ×100 像素，圆角半径为 36 像素，将其作为登录按钮。

（6）为了样式上的美观，再新建一个图层，利用画笔工具，将大小调为"600 像素"，"模式"为"正常"，"不透明度"为"80%"，如图 8-40 所示。在橙色上方点一下，绘制出"亮光"的效果。然后，右击"画笔高光"，"创建剪切蒙版"，如图 8-41 所示。

图 8-40　画笔属性设置

图 8-41　橙色按钮上的高光效果

（7）利用"文字工具"在按钮上面添加"登录"文字并居中。若字符间距太小，利用"Alt+ 右方向键"，增大字符间距，或者打开"字符"属性框进行调整，如图 8-42 所示。

图 8-42　字符属性设置

（8）利用"椭圆工具"绘制一个正圆，再利用"文字工具"将底部的"记住密码"和"忘记密码"分别调整为靠左和靠右对齐，登录界面效果如图 8-43 所示。

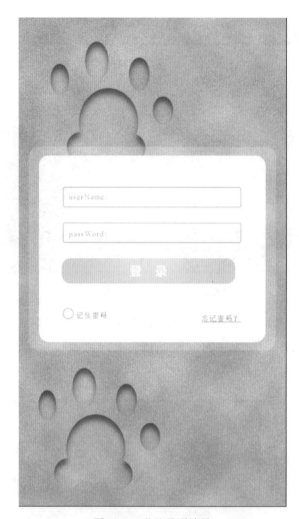

图 8-43 登录界面效果

8.4 制作锁屏界面

一款唯美好看的滑动锁屏界面会让整个手机主题吸睛很多。一般来说，锁屏分为三个状态：原始状态、充电状态和解锁状态。设计师在设计锁屏界面时，要从用户角度出发，遵循可用性原则，锁屏界面不是为了设计而设计，要有存在的意义。

我们利用前面设计好的手机主题形象——猫咪，增加一个毛线球来做滑动块。淘气猫咪踢走毛线球，完成解锁屏幕。

【例 8-5】动态锁屏界面的制作。

（1）新建画布，大小为 1080 像素 ×1920 像素，将其命名为"锁屏界面"，将手机壁纸的 PNG 图置入画布中。

（2）利用"钢笔工具"绘制一个类似于房屋的形状，填充色为浅黄色（#fceb9e），白色描边，如图 8-44 所示。

图 8-44　背景房屋绘制

（3）将猫咪形象和毛线球导入画布中，并且在房屋的上面加上时间信息。在毛线球下方新建一个图层，利用"画笔工具"绘制一个同色系的线条。将所有图层选中，组合为"解锁"，选择菜单"窗口"→"时间轴"，在出现的时间轴窗口中，选择"创建帧动画"，如图 8-45 所示。

（4）将"线条"图层复制 10 份（按组合键 Ctrl+J），再将 10 份线条图层进行编组（按组合键"Ctrl+G"）。同样，将毛线球也复制 10 份进行编组。将图层按顺序命名 1，…，10。接下来调整毛线球的位置和线条的长短，分别是 10 个状态，毛线球和线条的每个状态一一对应，且毛线球滚得越远，线越长，如图 8-46 所示。

图 8-45　创建帧动画

图 8-46　多个线条和毛线球状态调整

（5）将"毛线球 1"和"线条 1"显示，其他图层隐藏，关闭前面的小眼睛，如图 8-47 所示。这时利用"橡皮擦"工具将长的线条擦除（或者直接利用选取工具，将多余的线条选中，然后按 Delete 键），使"线条 1"到"毛线球"的位置即可。

图 8-47　第一帧调整线条和毛线球位置

（6）调整好第一帧画面后，选择时间轴下方的"复制所选帧"，接着调整第二帧线团和线条的位置。将"毛线团 2"和"线条 2"显示，打开图层前面的眼睛，将毛线团往右移动一段位置、"线条 2"长度擦除到移动后的"毛线团"的位置，如图 8-48 所示。

图 8-48   第二帧调整线条和毛线球位置

调整好后，将"毛线团1""线条1"前面的小眼睛关闭，隐藏图层，如图 8-49 所示。

图 8-49   第二帧效果

（7）重复第（5）步操作，每次将毛线球向右移动一定位置，线条长短调整到毛线球的位置即可，如图 8-50 所示。每帧画面只显示一个毛线球和线条状态，将其他图层前面眼睛隐藏起来不显示。

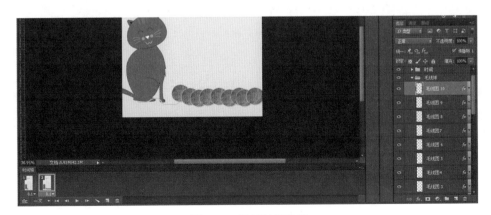

图 8-50   每帧对应位置

（8）将所有毛线球和线条状态对应好后，为了效果逼真，滑屏解锁后进入到手机桌面。最后新增加一帧，将这一帧页面设置为手机桌面，换成新的手机壁纸，并添加几个 App 启动图标，如图 8-51 所示。

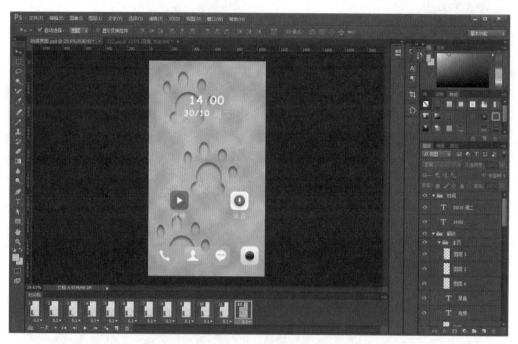

图 8-51　解锁后进入桌面

（9）对所有图层和组进行整理，将所有帧的延迟时间设置为 0.2 秒，循环选项设置为"永远"，选中动画面板中的第一帧，单击"播放"按钮，播放锁屏界面的序列帧，如图 8-52 所示。

图 8-52　循环播放每帧图

课后练习

1. 为某平台设计一个绿色出行 App 的主题形象，要求有山有路，还有阳光和飞翔的大雁，如图 8-53 所示。利用"钢笔工具"绘制连绵的山峰、小树、大路等不规则形状，同时运用剪切蒙版处理边缘效果。

图 8-53　绿色出行 App 的主题形象

2．利用图案的定义和填充来设计一款淡蓝色背景、白色波点填充效果的手机壁纸，如图 8-54 所示。

图 8-54　手机壁纸

3．利用时间轴来设计 iPhone 手机经典滑屏解锁界面，如图 8-55 所示。

图 8-55　iPhone 手机经典滑屏解锁界面

参考文献

[1]   北京课工场教育科技有限公司. 移动端 UI 设计及规范 [M]. 北京：中国水利水电出版社，2016.

[2]   张小玲. 界面设计 [M]. 北京：电子工业出版社，2017.

[3]   张晓晨，李晓斌. 移动 UI 界面设计 [M]. 北京：人民邮电出版社，2018.

[4]   明日科技. Android 开发与实践 [M]. 北京：人民邮电出版社，2014.

[5]   北京课工厂教育科技有限公司. 网站配色与布局 [M]. 北京：中国水利水电出版社，2017.

[6]   李维勇. Android UI 设计 [M]. 北京：机械工业出版社，2016.

[7]   陈燕，戴雯惠. 移动平台 UI 交互设计与开发 [M]. 北京：人民邮电出版社，2014.

[8]   myciaoQ.Android 的界面元素 UI（转）[EB/OL].(2014-04-22)[2019-9-1]. https://www.cnblogs.com/myxiaoQ/articles/3680202.html.

[9]   yxwkaifa. 不可错过的手机 App 常见 8 种界面导航样式 [EB/OL].(2016-03-16)[2019-9-1]. https://www.cnblogs.com/yxwkf/p/5284671.html.

[10]   Alebrije.【界面设计】必须了解的 Android 设计规范 [EB/OL].(2018-08-22)[2019-9-1]. http://www.ui.cn/detail/374101.html.

[11]   莱茵河的雨季. Android Button 的基本使用 [EB/OL].(2017-08-30)[2019-9-1]. https://blog.csdn.net/qq_34561253/article/details/77718921.

[12]   姜婷婷. 浅谈信息图形设计在手机界面中的应用 [J]. 工业设计，2016（08）：127

[13]   Mockplus. 如何快速掌握正确的 UI 配色方案？6 种技巧不容错过！[EB/OL](2018-04-09)[2019-9-1]. https://blog.csdn.net/jongde1/article/details/79868951.

关于引用作品的版权声明